# PHYSIOLOGIE UND PATHOLOGIE DER HYPOPHYSE

REFERAT
GEHALTEN AM 34. KONGRESS FÜR INNERE MEDIZIN
IN WIESBADEN 26. APRIL 1922

VON

PROF. DR. ARTUR BIEDL
PRAG

MIT 42 ABBILDUNGEN IM TEXT

MÜNCHEN UND WIESBADEN
VERLAG VON J. F. BERGMANN
1922

ISBN-13: 978-3-642-98816-5 e-ISBN-13: 978-3-642-99631-3
DOI: 10.1007/978-3-642-99631-3

Vor allem gestatten Sie mir als nicht zünftigem Internisten dem Vorstande des Kongresses für innere Medizin, speziell Herrn Prof. Ludwig Brauer bestens zu danken für die ehrende Aufforderung, an dieser Stelle über die Hypophyse zu referieren. Neben der persönlichen Auszeichnung erblicke ich darin eine Anerkennung des von mir vertretenen, in Deutschland bisher nicht entsprechend gewürdigten Faches der experimentellen pathologischen Physiologie.

Eine Betrachtung pathologischer Probleme von der umfassenderen Warte des pathologischen Physiologen, der die vergleichend morphologischen und genetischen Grundlagen hinreichend berücksichtigend die Funktionen und Korrelationen der Organe auf experimentellem Wege zu erforschen, die Ergebnisse der Tierversuche mit den klinischen Erfahrungen am Menschen zu vergleichen, zu sichten und gegeneinander abzuwägen sozusagen von amtswegen gewohnt und verpflichtet ist, trug schon bisher jederzeit und überall reichliche Früchte, sie erscheint aber auf keinem Gebiete so nützlich und notwendig wie in dem Neulande der Endokrinologie. Hier befinden wir uns noch auf einem schwankenden Boden, wo alles im Flusse ist und wo eine Sonderung von Weizen und Spreu dringend nottut. Die grossen Errungenschaften und der plötzliche Aufschwung des Gebietes sind fast naturgemäss von vielem Blend- und Beiwerk begleitet, in dem der ernste Forscher die Gefahren der hastigen und überstürzten Produktion mit Bangen erblickt. Um so strenger muss man mit der Feststellung gut fundierter Einzeltatsachen und ihrer Abtrennung von zweifelhaften und irrtümlichen Angaben vorgehen. Erst nach einer kritischen Sichtung des Tatsachenmaterials können Schlussfolgerungen gezogen werden, die uns dann zu einer synthetischen Betrachtung führen und eine formulierbare Gesamtauffassung und Theorie ermöglichen.

In meinem Referate über den gegenwärtigen Stand der Hypophysenfrage sollte auf Grund einer sachlichen Kritik ein Übersichtsbild geliefert werden. Der grosse Umfang des Themas und die Kürze der Zeit zwingen mich dazu, der Hauptsache nach nur meinen eigenen Standpunkt darzulegen, wobei ich die Befürchtung nicht unterdrücken kann, dass es mir auf diese Weise kaum gelingen wird, die übernommene Aufgabe gut genug, ja nicht einmal einigermassen genügend und zu Ihrer Zufriedenheit zu lösen.

Mein Referat gliedert sich in folgende Abschnitte: Zunächst sollen die anatomischen und genetischen Grundlagen festgelegt werden — ein Vorgehen, das Ihnen auf den ersten Blick recht sonderbar erscheinen wird, doch m. E. zur Verständigung unerlässlich notwendig ist —, dann folgen kurze Darlegungen über den Sekretionsvorgang in den einzelnen Hypophysenteilen auf Grund der Strukturbilder. Die Chemie der Hypophysensubstanzen und ihre physiologischen Wirkungen sollen dann kurz gestreift werden, um schliesslich den Versuch zu unternehmen, die funktionellen Leistungen des Hypophysenapparates zu charakterisieren. In diesem letzten wichtigsten Abschnitte werden jene experimentellen und klinischen Daten herangezogen und näher ausgeführt, auf die sich unsere Auffassung stützt, deren Ergänzung oder Richtigstellung wir aus der anschliessenden Wechselrede zu gewinnen hoffen.

---

Die alte anatomische Einteilung des Hirnanhangs in zwei Teile in den vorderen drüsigen Anteil, den Vorderlappen, Prähypophyse, und den davon durch einen mehr oder weniger deutlichen Spalt, die sog. Hypophysenhöhle getrennten hinteren, kleineren, vorwiegend aus nervösem Gewebe bestehenden Teil, die Neurohypophyse, Hinterlappen, der durch den Hypophysenstiel mit dem Gehirn in Verbindung steht, kann bei dem heutigen Stand der Kentnisse nicht mehr aufrecht erhalten werden. Selbst an der Hypophyse des älteren Menschen ist bereits bei schwacher Vergrösserung ein besonderer Anteil zu unterscheiden, der von Permeschko als Markschichte beschrieben wurde und zunächst ganz unverbindlich nach der Lage als eine zwischen der Pars anterior und posterior gelegene Pars intermedia oder Zwischenlappen bezeichnet werden kann. In der ausgedehnten Literatur, welche sich mit der Hypophyse des Menschen, namentlich vom pathologisch-anatomischen Standpunkte befasst, findet dieser Anteil bis in die neueste Zeit keine genügende Berücksichtigung. Die meisten Autoren fertigen den Zwischenlappen nur mit wenigen Worten ab und verkennen seine Bedeutung als besonderen Hypophysenteil gänzlich. Die Pars intermedia der erwachsenen Menschen ist ja tatsächlich gegenüber der der meisten Säugetiere stark reduziert. Im Fötalzustande liegen aber die Verhältnisse auch beim Menschen so, dass der Zwischenlappen noch eine die ganze Breite des Hypophysenkomplexes durchmessende Platte darstellt, die vom Vorderlappen durch die Hypophysenhöhle getrennt ist. Bei der Weiterentwicklung und beim

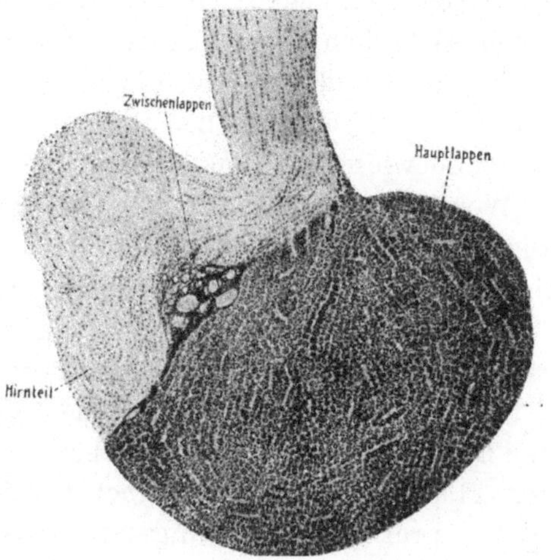


Fig. 1.
Sagittalschnitt durch die Hypophyse eines älteren Menschen. Nasalende rechts. (Nach Stendell.)

Wachstum schwindet die Hypophysenhöhle oder wird in zahlreiche kleinere oder grössere Hohlräume zerteilt, so dass der drüsige und nervöse Teil der Hypophyse unmittelbar aneinander grenzen, Der Zwischenlappen wird von den beiden anderen Teilen der Hypophyse überflügelt, so dass nur ein kleines, umschlossenes Inselchen vorhanden ist, das allerdings Ausläufer vor allem in die Neurohypophyse entsendet (Fig. 1).

Bei der Berücksichtigung der Ergebnisse der vergleichenden Anatomie ist es aber unmöglich, diesen Hypophysenanteil als einen nur topographisch modifizierten Teil des Vorderlappens zu betrachten, dessen funktionelle Bedeutung unbedeutend sei oder gar völlig geleugnet werden könne. Vor mehr als 10 Jahren habe ich unter Berücksichtigung der vergleichend-anatomischen und entwicklungsgeschichtlichen Daten die Existenz der Pars intermedia schärfer hervorgehoben und den Versuch unternommen, die funktionelle Rolle der Hypophyse von dem Gesichtspunkte aus zu analysieren, dass in diesem Organ neben dem inkretorisch sicherlich bedeutungslosen nervösen Hinterlappen zwei genetisch, morphologisch und funktionell differente Anteile enthalten sind, nämlich der Vorder- und der Zwischenlappen. Als ich für eine bessere Einschätzung des Zwischenlappens in der Pathogenese der menschlichen Hypophysenerkrankungen eintrat, konnte ich in einem lesenswerten und sicherlich vielgelesenen Buche die Bemerkung finden, dass gar kein Grund vorliege, die unglückliche Pars intermedia zu einer mit ihren Dimensionen in gar keinem Verhältnis stehenden und unbewiesenen funktionellen Wichtigkeit emporzuschrauben. Wer erinnert sich da nicht an jene Zeitepoche in der Physiologie des Schilddrüsenapparates, als die Epithelkörperchen von einem Autor auf dem Wiesbadener Kongress „als jugendliches Schilddrüsengewebe ohne jede eigenartige Verpflichtung und Verrichtung im Körper“ bezeichnet wurden? Selbst der junge Zweig der biologischen Forschung, die Endokrinologie hat schon seine Geschichte, die man als Lehrmeisterin nicht unterschätzen sollte. Hält man sich die vielfachen theoretischen Fehlschlüsse, ja sogar praktischen Schädigungen vor Augen, welche auf dem Gebiete des Schilddrüsenapparates mit in Kauf genommen werden mussten, ehe man die richtige und feste Grundlage in der Entwicklungsgeschichte und vergleichenden Anatomie fand und benützte, und denkt man an die vielen Irrwege, welche die Nebennierenforschung gewandelt ist, ehe man die zwei, der Abstammung, dem Bau und der Tätigkeit nach voneinander verschiedenen, in der Nebenniere nur zum Teil zu einer Vereinigung gelangten Gewebe, nämlich das Interrenal- und das Adrenalsystem erkannt und anerkannt hatte, so wird man wohl zugeben müssen, dass wir auch in der Hypophysenfrage nur dann vorwärts kommen werden, wenn wir den Erkenntnissen der vergleichenden Anatomie und Entwicklungsgeschichte hinreichend Rechnung tragen.

Die Phylogenese der Hypophyse, die von Stendell im Jahre 1914 in dankenswerter Weise ausführlich bearbeitet wurde, wenn auch manche seiner Angaben heute bereits einer Korrektur bedürfen, lehrt uns an der Hand der halbschematischen Abbildung von Stendell (Fig. 2) folgendes:

Bei den Cyclostomen liegt dem Infundibularteil der Zwischenlappen in Form des juxtaneuralen Epithels an und wird vom eigentlichen Vorderlappen durch einen Übergangsteil getrennt. Bei den Fischen ist die Verbindung des Zwischenlappens mit dem

Fig. 2.

Schemata von Hypophysen verschiedener Wirbeltiertypen nach Stendell. Vorderlappen schwarz mit hellen Blutgefässen. Zwischenlappen hell und punktiert. Übergangsteil dunkel und punktiert. Hinterlappen grau schraffiert.

Infundibulum am stärksten ausgeprägt. Hier hat auch der Zwischenlappen die grösste Ausdehnung. Bei den Amphibien übertrifft das Volumen des Vorderlappens das der anderen Teile bereits erheblich. Hier treten auch zum erstenmal zu beiden Seiten des Vorderlappens die Lobuli laterales auf. Bei den Säugern, speziell bei den Karnivoren, finden wir kompliziertere Verhältnisse, die das Bild von der Katze (Fig. 3) zeigt.

Ausser dem Zwischenlappen ist noch ein Hypophysenabschnitt schon in alter Zeit unter dem Namen Umschlagsteil als Fortsetzung des Vorderlappens, später als Lobus peduncularis und im Jahre 1908 von Staderini als Lobus praemamillaris und Lobus chiasmaticus beschrieben worden. Erst in neuerer Zeit ist man sich auf Grund der embryologischen Untersuchungen von Bolk, Woerdemann, Tilney, Atwell u. a. über diesen Hypophysenanteil einigermassen klar geworden. Er wird jetzt fast allgemein unter dem Namen Pars tuberalis als ein epithelialer Überzug des Infundibulums, der vorn bis unter das Tuber cinereum reicht, als besonderer Abschnitt der Hypophyse bewertet. Die schematische

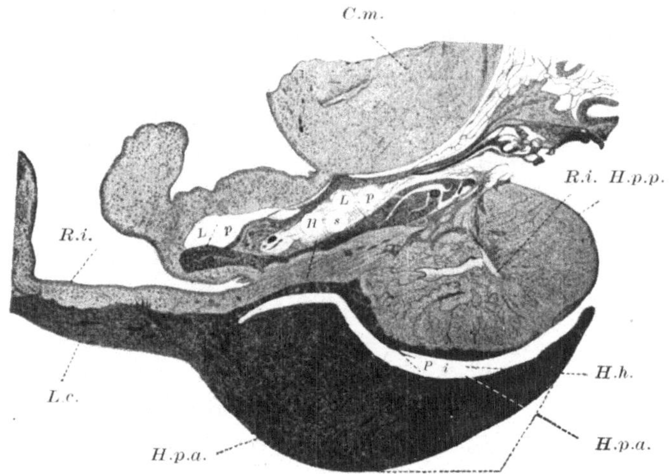


Fig. 3.

Übersichtsbild eines Sagittalschnittes durch die Hypophyse der Katze nach Pende.

*C.m.* = Corpus mamillare. *H.p.a.* = Hypophysenvorderlappen. *H.p.p.* = Hypophysenhinterlappen. *H.s.* = Hypophysenstiel, *H.h.* = Hypophysenhöhle. *R.i.* = Recessus infundibularis. *P.i.* = Pars intermedia. *L.c.* = Lobulus chiasmaticus. *L.p.* = Lobulus praemamillaris.

Abbildung der Rinderhypophyse (Figg. 4 u. 5) und eine solche vom menschlichen Embryo (Fig. 6) lassen die Pars tuberalis deutlich erkennen.

**Anatomisch** müssen wir heute an der Hypophyse unterscheiden:

1. Die Pars distalis oder Prähypophyse,

2. die Pars juxtaneuralis oder intermedia, die dem Infundibularfortsatz und damit dem

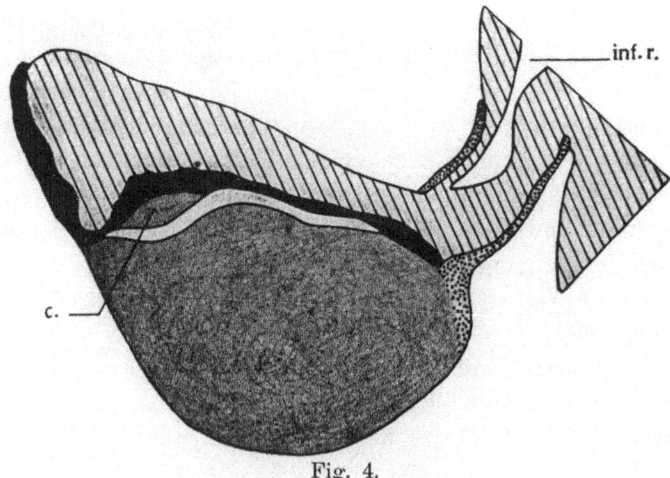


Fig. 4.

Schema eines medianen Sagittalschnittes der Rinderhypophyse nach Atwell und Marinus.

Neurohypophyse, Stiel und Hirnsubstanz schraffiert. Pars intermedia schwarz. Vorderlappen grau fein punktiert. *c.* = durch die Hypophysenhöhle abgetrennter Anteil des Vorderlappens. Pars tuberalis: grob punktiert. *inf. r.* = Recessus infundibularis.

3. Teil, der Pars infundibularis oder Neurohypophyse anliegt, und

4. die Pars tuberalis, welche der Eminentia saccularis des Tuber cinereum anliegt.

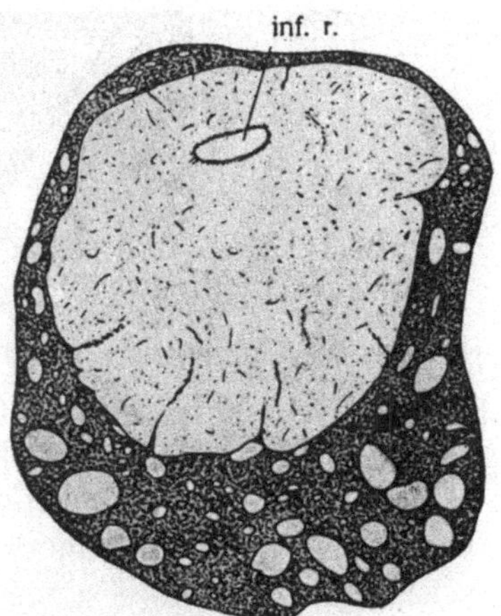


Fig. 5.

Transversalschnitt des Stieles der Rinderhypophyse nach Atwell und Marinus.

Der helle Stiel wird von der dunkel gehaltenen, zahlreiche helle Gefässlücken zeigenden Pars tuberalis rings umgeben.

Vom entwickelungsgeschichtlichen Standpunkt kommen hierzu noch die Hypophysenhöhle, die akzessorischen Parahypophysen, unter denen am bedeutungsvollsten die Rachendachhypophyse erscheint.

Unsere entwickelungsgeschichtlichen Kenntnisse haben gerade in den letzten Jahren wesentliche Wandlungen durchgemacht. Die rein ektodermale Genese des Vorderlappens aus der Rathkeschen Tasche kann nicht mehr als richtig angesehen werden und aus den Untersuchungen von Woerdemann, insbesondere aber Bruni wissen wir, dass der glanduläre Teil der Hypophyse des Menschen, anderer Säuger, der Vögel und Reptilien aus vier Ausbuchtungen der Rachenwand und des Kopfdarmes hervorgeht, zwei ektodermalen, nämlich der von Woerdemann als Vorraum bezeichneten Bucht und der Rathkeschen Tasche, und zwei entodermalen, nämlich dem sogenannten mittleren Divertikel und der Seesselschen Tasche. Die vier Einbuchtungen bilden eine gemeinsame Höhle, die als pharyngo-hypophysäres Vestibulum deswegen bezeichnet wird, weil sie die Rachenhöhle mit den hypophysären Einbuchtungen in Verbindung setzt. Dieses Vestibulum verwandelt sich in einen schmäleren Gang, der anfänglich hohl, später solid, den Canalis craniopharyngeus und die Grundlage der Hypophysis pharyngea darstellt.

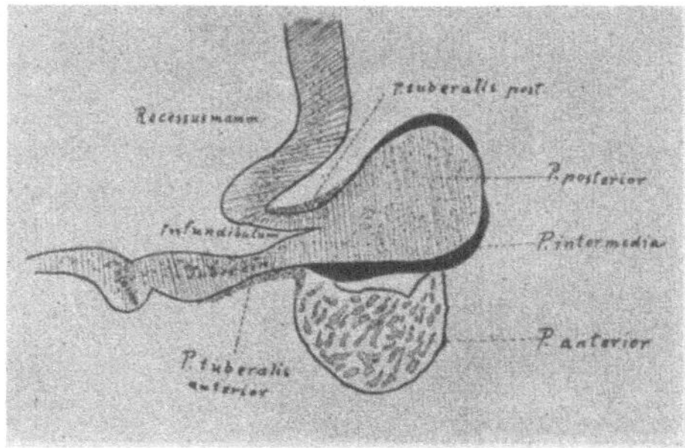


Fig 6.
Schema der Hypophysenteile beim menschlichen Embryo.

Der sogenannte Vorraum bildet die Anlage der Pars tuberalis. Diese Bucht liefert das Material für die Bildung dieses genetisch und morphologisch vom übrigen Drüsengewebe verschiedenen Anteiles der Hypophyse, der den Hypophysenstiel in der Form des chiasmatischen und prämamillaren Läppchens rings umgibt und mit dem Tuber cinereum in innigem Kontakt ist. Die Anschauung, dass dieses Läppchen eine Fortsetzung des Epithelsaumes, also einen Bestandteil der Pars intermedia darstellt, muss nunmehr auf Grund der Entwicklungsgeschichte korrigiert werden.

Die zweite Bucht, die eigentliche Rathkesche Tasche, spielt die wichtigste Rolle bei der Bildung des Zwischenlappens. Dieser entsteht aus dem oberen zentralen Teile, aus dem Fundus der Rathkeschen Tasche, demnach ausschliesslich aus ektodermalen Elementen und gelangt in direkten Kontakt mit dem Infundibulum.

Die zwei entodermalen Buchten, der mittlere Divertikel und die Seesselsche Tasche bilden die Anlagen der eigentlichen drüsigen Prähypophyse, der Pars distalis.

Der mittlere Divertikel bedingt eine Verlängerung der Hinterwand der Rathkeschen Tasche nach unten und liefert bei allen Amnioten und speziell bei den höheren einen beträchtlichen Anteil zur Bildung der Glandula pituitaria. Die Seesselsche Tasche, der hinter der Rachenhaut beginnende Auswuchs des Kopfdarmes, erfährt speziell beim Menschen nur eine geringe Weiterentwicklung, indem er die hintere Wand des Vestibulum pharyngohypophysarium bildet.

Der Auffassung von Bruni steht allerdings jene von Atwell gegenüber, derzufolge der Vorderlappen aus dem zentralen Teile der soliden epithelialen Anlage der Rathkeschen Tasche und der Zwischenlappen aus dem kaudalen Anteile der Hypophysenanlage abstammen soll.

Wenn auch die Untersuchungen über die Hypophysenentwicklung noch nicht vollkommen zum Abschluss gelangt sind, so muss doch hervorgehoben werden, dass die Entwicklung des Organs beim Menschen und den übrigen Säugern im ganzen eine gleichartige ist, dass allerdings einzelne Anteile der Hypophysenanlage in der Reihe der Amnioten in bezug auf den Grad ihrer Ausbildung eine gewisse Verschiebung erfahren haben. Bei den niederen Formen prävaliert der Vorraum und die Rathkesche Tasche, bei den höheren gewinnen die entodermalen Anteile eine erhöhte Bedeutung. Sicher ist, dass der verschiedene Ursprung auf eine differente funktionelle Bedeutung der einzelnen Anteile und darauf hinweist, dass man bei der Beurteilung der Funktion der genauen Topographie der einzelnen Anteile die grösste Beachtung schenken muss.

Unter Berücksichtigung der dargelegten anatomischen und vergleichend-entwicklungsgeschichtlichen Daten darf natürlich auch nicht mehr von dem Strukturbild der Hypophyse schlechtweg, sondern nur von den baulichen Verhältnissen der einzelnen Anteile gesprochen werden, wenn auch zugegeben werden muss, dass die Grenzen der einzelnen Abschnitte im mikroskopischen Bilde keineswegs scharfe sind.

Von der Histologie und namentlich Zytologie erwarten wir die Beantwortung der Fragen, welchen Abschnitten der Hypophyse eine sekretorische Tätigkeit zuerkannt werden soll, unter welchen Strukturbildern sich der Sekretionsprozess vollzieht, welcher Art das Sekret, beziehungsweise die Sekrete der einzelnen Teile sind und endlich auf welchem Wege die Abgabe der Sekretionsprodukte erfolgt. Für eine produktive Arbeit aller Teile der Hypophyse mit Ausnahme des nervösen Hinterlappens liefern die Anordnung der Bauelemente und ihre den typischen sezernierenden Drüsenzellen vergleichbaren zytologischen Charaktere hinreichende Beweise. Viel schwieriger ist es, über den Sekretionsmodus ins Klare zu kommen und namentlich über die Sekrete im speziellen Sinne eine Entscheidung zu treffen. Damit hängt es auch zusammen, dass in der Frage der Sekretabgabe und der Sekretwege noch Meinungsverschiedenheiten bestehen.

Für den Vorderlappen, dessen drüsige Struktur am deutlichsten zutage tritt, werden die Beziehungen der diversen Zelltypen zueinander noch immer different beurteilt. Der alte Streit darüber, ob die einzelnen Zellformen der Chromophoben oder Hauptzellen und der Chromophilen mit ihren zwei Unterarten, den Azido- und Basophilen, neben den weniger bedeutungsvollen Übergangszellen und sog. freien Kernen stabile, voneinander scharf zu trennende Typen sind oder verschiedene Alters- und Funktionsstadien einer und derselben Zellart bilden, ist auch heute noch nicht ausgetragen. Die beiden streitenden Parteien, deren Stärke numerisch ungefähr die gleiche ist, bemühen sich allerdings nicht mehr, neue Argumente herbeizubringen, sondern haben sich auf ihre Standpunkte starr festgelegt. Der Bendaschen Meinung von der Einheit der Hypophysenzellen schliessen sich in neuerer Zeit Stendall, Trautmann, Bell, Fraser, Stewart u. a. an, während die neueren deutschen Autoren zumeist der Auffassung von E. J. Kraus beipflichten, die zwischen den entgegengesetzen Anschauungen gewissermassen vermittelt. Kraus teilt vom histologischen Standpunkt die Zellen der menschlichen Hypophyse in ungranulierte und granulierte ein, die verschiedene Funktionsstadien darstellen. Zu den ersteren gehören die Hauptzellen, die Übergangszellen und entgranulierte Zellen, zu den letzteren die eosinophilen, die basophilen und die Schwangerschafts-Zellen. Vom biologischen Gesichtspunkte unterscheidet er zwei grundverschiedene Zellarten, die Eosinophilen und die Basophilen, die wohl beide aus Hauptzellen entstehen und sich wieder zu Hauptzellen zurückbilden, doch nie ineinander übergehen. Die eosinophilen Zellen gehen normalerweise direkt, nur in Tumoren mittels einer ungranulierten Zwischenstufe aus den Hauptzellen hervor, während die basophilen Zellen normalerweise auf dem Umwege durch ungranulierte Übergangszellen, in Tumoren auch direkt aus den Hauptzellen entstehen. Die Schwangerschaftszellen sind nur eine besondere Art der Eosinophilen.

Meine eigenen Untersuchungen, die sich auf Hypophysen der gebräuchlichen Versuchstiere unter normalen und verschiedenen experimentellen Bedingungen, sowie auf Hypophysen des Menschen unter normalen und pathologischen Verhältnissen erstrecken, führen mich zu folgender Auffassung: Aus der Grundtype einer einzigen Zellart, etwa vom Aspekt der ungranulierten Hauptzellen differenzieren sich im Verlaufe der Ontogenese verschiedene Zelltypen mit definitiven zytologischen Charakteren, so dass schon den verschiedenen Lebensaltern wohlcharakterisierte Strukturbilder entsprechen. Die einzelnen Zellarten sind in ihren Leistungen durchaus selbständig und vollenden ihren selbständigen Funktionszyklus. Meiner Meinung nach sind die ungranulierten Hauptzellen nicht etwa der Ausgangs- und Endpunkt der Sekretion, deren Höhepunkt durch die granulierten azido- oder basophilen Zellen dargestellt wird, sondern sie sind nur die Mutterzellen, aus welchen sich die granulierten differenzieren, die dann aber weiterhin selbständige Funktionszyklen durchlaufen. Wenn man mit Recht das Vorkommen verschiedenartiger Granula in einer Zelle den Fehlern der Technik zuschrieb und die Existenz von Übergängen zwischen Eosinophilen und Basophilen auf Grund dieser Bilder nicht anerkennen wollte, so muss ich auch bestreiten, dass man das Entstehen granulierter Zellen aus ungranulierten mit oder ohne Übergangsstufen direkt beobachtet habe. Auch hier handelt es sich nur um Deutungen von Übergangsbildern. Diese können nur zeigen, dass die granulierten aus ungranulierten Stammformen entstehen, nicht aber, dass verschiedene Phasen des Funktionsablaufes vorliegen. Als solche können nur granulaarme oder mit Granulis vollgefüllte Zellen einer und derselben Art gelten. Stützen für diese Auffassung liefern nicht nur die verschiedenen Entwicklungsgrade der einzelnen Zellarten in den einzelnen Lebensstufen, sondern auch das Überwiegen bestimmter Zellformen, übrigens nicht immer der gleichen Formen bei allen Tierarten, in den verschiedenen Phasen des Geschlechtslebens, unter verschiedenen experimentellen Bedingungen, die wir noch näher erörtern werden, und vor allem auch die gewöhnlich aus einer Zellart bestehenden Adenome.

Im Vorderlappen sind meiner Meinung nach mindestens drei Arten von Zellen als selbständige Sekretproduzenten anzusehen, nämlich die Hauptzellen, die Eosinophilen und die Basophilen, die allerdings genetisch auf eine Stammform zurückzuführen sind. Aus der Zytologie gewinnen wir demnach den Hinweis auf die Bildung mehrerer Sekrete im Vorderlappen und es soll nun noch versucht werden, diese Sekrete mit Hilfe der histologischen Färbemethoden näher zu charakterisieren.

Morphologisch kann von drei Sekretionsprodukten gesprochen werden, nämlich von den Lipoidtröpfchen, den Granulis mit ihren zwei Unterarten und dem Kolloid.

Die lipoiden Körnchen finden sich der Hauptsache nach in den Hauptzellen und sollen nach ihrem färberischen Verhalten zum grossen Teil aus Cholesterinestern, wahrscheinlich der Ölsäure bestehen, die von Fettsäuren und Seifen begleitet werden. Diese Lipoide sind zweifellos Sekretionsprodukte. Wenn man von mancher Seite ihr Auftreten als Zeichen des Zelluntergangs ansieht, so bedeutet dies naturgemäss keinen Widerspruch. Ihre Zunahme im Alter und bei gewissen pathologischen Prozessen muss nicht auf einer gesteigerten Sekretion, sondern kann auf einer verminderten Abgabe und Speicherung beruhen.

Das Lipoidsekret ebenso wie die unbestritten als Sekret angesehenen Granula werden von den sezernierenden Zellen direkt oder nach der Passage von Lymphräumen in die Blutgefässe abgegeben. Die reichliche Vaskularisation des Vorderlappens und die innigen topischen Beziehungen der epithelialen Zellstränge zu den kapillaren Blutgefässen weisen darauf hin, dass für die Abfuhr der Sekrete in erster Reihe der Blutweg benützt wird.

Stark umstritten ist die Bedeutung des Kolloids im Vorderlappen. Dieses findet sich nicht allzu reichlich in den hinteren Partien, zuweilen in den Zellbalken, öfter in follikelähnlichen Bläschen und in grösseren zystischen Hohlräumen. In bezug auf letztere muss wohl in Betracht gezogen werden, dass sie eigentlich nicht dem Vorderlappen angehören, sondern Abkömmlinge der embryonalen Hypophysenhöhle sind, die als eine längliche Spalte, aber auch noch in der Form verschieden grosser Bläschen und Zysten vorhanden sein kann, die miteinander noch in Kommunikation stehen.

Es finden sich allerdings auch im Vorderlappen selbst Bläschen, die in ihrem Aussehen an die Follikel der Schilddrüse erinnern, deren Wand zumeist von chromophoben, seltener von eosinophilen Zellen gebildet und deren Lumen mit einer amorphen, homogenen, basophil oder eosinophil gekörnten Masse erfüllt wird. Eine Reihe von Autoren betrachtet das Kolloid als das Endprodukt der Sekretion der Drüsenzellen, wobei diese unter verschiedenen Degenerationsformen zugrunde gehen. Das in den Drüsenzellen produzierte Sekret wird im Follikelraum gespeichert, um je nach Bedarf mobilisiert zu werden und in die Blutbahn zu gelangen. Sein Vorkommen in Kapillaren wird als Beweis hiefür angeführt.

Auf Grund des Studiums des Verhaltens der Kolloidbläschen unter verschiedenen experimentellen Bedingungen bin ich der Meinung, dass die Bildung von Follikeln und die Erfüllung des Follikelraumes mit Kolloid nur ein akzessorischer Modus der Sekretabgabe sein kann. Normaliter wird das Sekret der Drüsenzellen von der Zellbasis aus direkt in die Blutgefässe gelangen. Nur wenn eine Überproduktion oder eine Behinderung des normalen Sekretabflusses eintritt, wird ein Teil des Sekretes gewissermassen vom andern Pol aus entleert, es entstehen zwischen den Zellbalken mit Sekret erfüllte Räume, follikelartige Bildungen, in denen das unverbrauchte Sekret sich aufspeichert. In der Speicherung des Kolloids in den Follikeln kann eine weitgehende Analogie mit den Vorgängen der Sekretbildung und Speicherung in der Schilddrüse, wie sie Bensley darstellt, erblickt werden.

Neuestens betrachtet auch Fraser nicht nur die Zysten, sondern auch die Hypophysenspalte als ein Reservoir für die von den Blutgefässen nicht vollständig aufgenommenen Sekrete. Vom genetischen Standpunkt ist es sehr wohl verständlich, dass die Hypophysenhöhle eine gemeinsame Vorratskammer des Vorder- und des Zwischenlappens sein kann, was uns auch die oft betonten färberischen Differenzen des Kolloids in dieser Gegend verständlich machen würde.

Das Gewebe des Zwischenlappens, das übrigens in seinem Entwicklungsgrade und seiner Struktur nicht unerhebliche Unterschiede bei den einzelnen Tierarten aufweist, besteht in guter Ausbildung wie bei den Karnivoren und Wiederkäuern, übrigens auch beim menschlichem Kinde, aus mehreren Lagen von epithelialen Zellen, die im allgemeinen ein ungefärbtes oder schwach basophiles Protoplasma mit mitochondrialen Strukturen und grossen chromatinreichen Kernen aufweisen. Neben dem gleichmässigen Epithellager findet man regelmässige Zellgruppen, die rundliche Azini bilden, deren Lumen von einer amorphen, homogenen oder fein granulierten Masse einer Kolloidsubstanz erfüllt ist. Mit dem zunehmenden Alter und unter manchen abnormen Bedingungen findet man eine Zunahme dieser Kolloidsubstanz, eine stärker ausgesprochene follikuläre Anordnung unter Eindringen der basophilen Zellen in Form von Streifen oder azinösen Gruppen in das Gewebe des nervösen Hinterlappens. Nach Stendell sieht man in dem Zwischenlappen der Selachier und der Amphibien Ballen, Kugeln und Tröpfchen des Sekretes in den Interzellularlücken des Parenchyms. Im Hypophysenstiel und im Hirnteil der Hypophyse beschrieb Herring als Erster sog. hyaline Körperchen, die hier eine veritable Sekretstrasse bilden. Diese Bilder liefern, wie ich glaube, eine recht überzeugende Grundlage für die Meinung, der in der letzten Zeit fast alle Autoren beipflichten, dass das Sekretionsprodukt der Pars intermedia nicht direkt den Blutweg betritt, sondern durch Lymphräume der Neurohypophyse und weiterhin durch die Gliaspalten des Hypophysenstiels in die Hirnmasse, beziehungsweise in den Liquor cerebrospinalis gelangt. Die Injektionsversuche von Edinger sprechen wohl im gleichen Sinne, wenn auch die von ihm geäusserte Meinung, dass das Vorderlappensekret denselben Weg nehme und dieser in der Hirnsubstanz der Regio subthalamica ende, kaum zutreffen dürfte. Wir werden alsbald aus den Ergebnissen anderer Methoden erkennen, dass das Produkt des Zwischenlappens als ein spezifisches zu bewerten ist, und aus neueren Versuchen von D. Cow erfahren wir, dass dieses Sekret in die Zerebrospinalflüssigkeit gelangt.

Vom morphologischen Gesichtspunkte kann der grundlegende Unterschied des Zwischenlappens gegenüber dem Vorderlappen darin erblickt werden, dass der Sekretionsmodus und die Abfuhrwege verschiedene sind. Die epithelialen Zellen des Zwischenlappens bilden die Auskleidung von follikelartigen Hohlräumen, bereiten eine Kolloidsubstanz und geben sie an den Follikelraum ab.

In vereinzelten Präparaten sah ich feinste Kolloidtröpfchen nahe der dem Lumen zugekehrten Oberfläche der Zellen.

Das Kolloidsekret ergiesst sich dann in die Gewebsspalten des Zwischenlappens selbst und weiterhin in die Spalten des Binde- und Stützgewebes der Neurohypophyse und des Hypophysenstiels.

Ob auch ein Teil des Sekretes gegen die Hypophysenhöhle abgeführt wird, wie das Fraser behauptet, ist noch nicht bewiesen, doch erscheint es angesichts der später zu erwähnenden Erfahrungen nicht unwahrscheinlich. Sekretionsmodus und Sekretionswege weisen darauf hin, dass der Zwischenlappen in der Kolloidsekretion am meisten jene Phase der Entwicklung beibehalten hat, in welcher die mit dem Nervensystem in Zusammenhang stehende Mundbuchteinstülpung ihr Sekret nach Art einer exkretorischen Drüse einerseits durch einen offenen Kanal in den Vorderdarm und andererseits in die Nervensubstanz ergiesst. In Übereinstimmung damit steht die genetische Auffassung des Zwischenlappens als Abkömmling des ältesten zentralen Anteiles der ektodermalen Rathkeschen Tasche.

Das Strukturbild der Pars tuberalis kann bisher in der Richtung der Sekretionsleistungen dieses Abschnittes nicht genügend beurteilt werden. Es unterscheidet sich wesentlich von dem des Vorderlappens vor allem durch den Mangel an eosinophilen Zellen, aber auch von jenem des Zwischenlappens in erster Reihe durch die reichlichere Gefässversorgung. Die Parenchymzellen sind in Form von Strängen angeordnet, doch überaus häufig sind Azini anzutreffen, die manchmal einen zentralen, mit einer homogenen, schwach eosinophilen Masse erfüllten Hohlraum enthalten. Die Identität dieser Masse mit den hyalinen Körpern von Herring wird von Atwell und Marinus auf Grund der färberischen Differenzen nach der Weigert-van Gieson-Färbung bestritten. Die identische ektodermale Genese weist allerdings auf nähere verwandtschaftliche Beziehungen zwischen der Pars tuberalis und der Pars intermedia hin.

Wir haben die Prähypophyse als eine echte Blutgefässdrüse erkannt und werden es verständlich finden, dass die aus dem gleichen embryonalen Mutterboden stammenden akzessorischen Parahypophysen, vor allem die Rachendachhypophyse in bezug auf Struktur, Sekretionsmodus und Sekretionsweg dem Vorderlappen gleichzusetzen sind.

Die **Wechselbeziehung** zwischen der Hypophyse und den andern Inkretorganen soll an dieser Stelle kurz besprochen werden. Denn bisher wurde der Nachweis der endokrinen Korrelation fast ausschliesslich auf morphologischem Wege durch das Studium der Veränderungen in der Grösse und Struktur des Hirnanhanges bei Veränderungen der Tätigkeit oder beim völligen Ausfall der korrelativen Drüsen geführt.

Am besten bekannt sind die Graviditätsveränderungen der menschlichen Hypophyse, bestehend in einer beträchtlichen Gewichtszunahme und dem Auftreten der eigenartigen, aus den chromophoben Hauptzellen hervorgehenden Schwangerschaftszellen. Bei manchen Tierarten, Katzen, Ratten, Meerschweinchen, sieht man die gleiche Strukturumänderung der Hauptzellen, während bei Kaninchen oft schwach eosinophil gekörnte Zellen überwiegen (Siguret, Kolde, Bell, eigene Präparate). Der Schwangerschaftshypophyse ähnliche Zellen erhielt Berblinger nach Injektion von wässerigen Extrakten aus Plazenten und Föten, sowie von Eiweissabbauprodukten, speziell von Pepton-Witte. Interessant sind die Angaben von Blair-Bell über die Veränderungen des Hypophysenvorderlappens bei Hennen, je nachdem sie Eier legen oder nicht und speziell, ob sie dem Brutgeschäft obliegen. Bei brütenden Hennen findet man fast ausschliesslich nur kleine, anscheinend geschrumpfte, chromophobe Zellen, die Azini bilden, deren Lumen mit einem gekörnten Sekret erfüllt ist.

Die Kastrationshypophyse mit ihrer Volumsvergrösserung und Vermehrung der eosinophilen Zellen ist seit den Versuchen von Ficherà von den meisten Tieren [mit Ausnahme der Wiederkäuer (Marrassini und Luciani); nach Schlee enthält die Ochsenhypophyse eine grosse Anzahl von Eosinophilen, während bei Bullen ein grosser Reichtum an Basophilen besteht] und auch vom menschlichen Kastraten bekannt. Am schönsten ist die Kastrationshypophyse am Kapaun, an dem auch die Rückbildung zur Norm bei Zufuhr von Hodenextrakten am besten zu demonstrieren ist. Bei der Ratte und auch beim Hund ist neben einer relativen Vermehrung der Eosinophilen noch das Auftreten einer eigenartigen, grossen, blasigen, vakuolisierten und granulierten Zellform zu konstatieren, die Schleidt auch bei maskulierten und feminierten Tieren dann antreffen konnte, wenn die eingepflanzten Gonaden resorbiert worden sind. In gelungenen Versuchen fand sich der Gewebstypus der Hypophyse der normalen Geschlechtstiere.

Strukturveränderungen der Hypophyse nach Schilddrüsenausfall sind von allen Untersuchern bei den verschiedenen Tieren und auch beim Menschen gefunden worden. Eine Zunahme des Hypophysengewichtes wird bei vielen Tierarten übereinstimmend konstatiert, allerdings von Trautmann für Schafe und Ziegen, aber auch für Hund, Katze und Kaninchen bestritten. Die baulichen Abänderungen betreffen verschiedene Anteile des Organs. Im Vorderlappen werden vor allem an den Chromophoben eine Vermehrung, besonders aber eine Volumzunahme, Vakuolisierung, Kernveränderungen, kolloide Umwandlungen und degenerative Prozesse beschrieben. Nach Berblinger ist diese allerdings nicht konstante Hauptzellenveränderung bei der angeborenen Athyreose ebenso wie bei der erworbenen Hypothyreose die gleiche wie in der Gravidität und er glaubt, dass auch das auslösende Moment, nämlich die durch den Übertritt plasmafremder Eiweissspaltprodukte bewirkte Abänderung der Blutbeschaffenheit in beiden Fällen das gleiche sei. Trautmann, Bell u. a. berichten bei längerer Thyreoprivie über eine Zunahme der eosinophilen Zellen als Zeichen einer der Norm entsprechenden Sekretion gegenüber einer überstürzten Sekretion in dem Falle, wenn die Hauptzellen vermehrt sind. Die Abnahme der Basophilen wäre eine Folge des ungenügenden Ausgangsmaterials an Hauptzellen, wenn viele Eosinophile gebildet werden.

Bei manchen Tierarten, nach meinen Erfahrungen besonders beim Kaninchen und Hund, sind nach der Thyreoidektomie sehr tiefgreifende Veränderungen im Zwischenlappen anzutreffen. Dieser erreicht eine erhebliche Dicke manchmal in seiner ganzen Ausdehnung, manchmal mehr herdförmig. In dieser hypertrophen Pars intermedia ist das Gefüge der Epithelzellen gelockert, die Zellen selbst vergrössert, stärker als de norma gefärbt und es zeigt sich namentlich in der Hypophyse schilddrüsenloser Katzen eine grössere Anzahl von mit Kolloid gefüllten Follikeln, grössere Zysten mit basophilem Inhalt und sog. hyaline Körperchen nicht nur im Gewebe des Zwischenlappens selbst, sondern zuweilen recht weit in die Pars nervosa sich erstreckend. Die von Herring behauptete Zunahme der ependymalen und neuroglialen Elemente konnte Bell nicht wieder finden. Trautmann sah nach der

Thyreoidektomie bei Schafen und Ziegen die Hypophysenhöhle stark erweitert mit homogenen, fadigen oder gekörnten Massen, die sich basophil und azidophil verhalten, erfüllt. Im Zwischenlappen fand er eine wechselnde Dicke, im Hirnteil eine Zunahme des Bindegewebes und der Glia, mitunter mächtige Pigmentanhäufungen und zahlreiche Kolloidkugeln; das regelmässige Vorkommen zahlreicher Zysten in allen Teilen der Hypophyse war besonders bemerkenswert. Trautmann beachtete auch das Verhalten des Umschlagteiles und der mantelartigen Trichterbekleidung, also der Pars tuberalis und erwähnt nach der Thyreoidektomie einen Reichtum an azidophilen, stark fetthaltigen Zellen.

Nach der Epinephrektomie werden Hypertrophie und Zeichen der Hyperaktivität im Vorderlappen, von Bell besonders im Zwischenlappen beschrieben. E. J. Kraus fand nach Pankreasexstirpation bei Katzen Veränderungen an dem eosinophilen Zellapparat, die allerdings keineswegs eindeutige waren, während er in der menschlichen Hypophyse beim Diabetes mellitus jüngerer Individuen konstant eine Verarmung an eosinophilen Zellen, eine besondere Kleinheit, abnorme Form und Anordnung sowie Kernveränderungen nachweisen konnte. In der Hypophyse pankreatektomierter Katzen waren auch atrophische Veränderungen im Zwischen- und Hinterlappen vorhanden.

Ergänzend wäre noch das morphologische Verhalten der Hypophyse während des Winterschlafes zu erwähnen. Gemelli, dann Cushing und Goetsch beschrieben zuerst zytologische Veränderungen an den Zellen des Vorderlappens, die sie im Sinne einer verminderten Aktivität gedeutet haben. Bell findet in der Hypophyse des Igels und der Haselmaus im Sommer die Zellen des Vorder- und Zwischenlappens gross, mit schwach gefärbten Kernen und ungenauen Zellgrenzen, während der Periode des Winterschlafes erscheinen die Zellen wie geschrumpft mit deutlichen Grenzen und tiefgefärbten Kernen. Nach den neuesten, sehr genauen Untersuchungen von Rasmussen an Murmeltieren (Marmota monax) erzeugt die Hibernation weder im Gewichte noch in der histologischen Struktur der Hypophyse erhebliche Veränderungen im Vergleich zu der Drüse vor dem Winterschlaf. Unmittelbar nach dem Erwachen im Frühjahr findet man eine auf alle Teile des Organs sich erstreckende Grössenzunahme um etwa ein Drittel. Die am meisten konstante und auffallende

Veränderung betrifft die Vermehrung der relativen Zahl der Basophilen auf das Dreifache und die starke Zunahme ihrer Färbbarkeit. Rasmussen ist geneigt, die bisher als Winterschlaffolge angesehenen Veränderungen der Hypophyse vielmehr den variablen Sexualzyklen zuzuschreiben.

---

Die **Chemie der Hypophyse**, von der wir eine Aufklärung über die Zusammensetzung der einzelnen Sekrete des Organs erhalten wollen, hat uns bisher nur spärliche Auskünfte geliefert, die allerdings grundsätzlich in dem Sinne sprechen, dass Vorderlappen und Zwischenlappen auch stofflich different sind. In neuester Zeit mehren sich die Versuche der Untersuchung der chemischen Zusammensetzung einzelner isolierter Hypophysenabschnitte. Nachdem der Reichtum an Lipoidstoffen, speziell an Cholesterin in der ganzen Hypophyse von verschiedenen Seiten festgestellt war, ist der am meisten bemerkenswerte Fortschritt von Brailsford Robertson gemacht worden, indem er aus getrockneten Vorderlappen von Rinderhypophysen durch Extraktion mit kochendem Alkohol und Fällung mit Äther eine Lipoidsubstanz in relativ erheblicher Menge (von 0,7 % auf das Gewicht des frischen Vorderlappens berechnet) gewann. Er nannte sie Tethelin.

Robertson ist geneigt, auf Grund seiner Analysen das Tethelin als eine einheitliche Substanz anzusehen, in der auf vier Stickstoffatome ein Atom Phosphor entfällt und zwei Stickstoffatome in Form von Aminogruppen und eine in Form einer Aminogruppe enthalten sind, die ferner ein Imydazolylradikal enthält, durch das die Beziehung zu der aus dem andern Teil der Hypophyse gewonnenen, physiologisch aktiven Substanz hergestellt wäre.

Die Frage nach der chemischen Natur des wirksamen Prinzips der aus dem sogenannten Hinterlappen der Hypophyse dargestellten Extrakte, die aber nach der Art der Darstellung zweifellos Extrakte des Zwischenlappens und der Neurohypophyse sind, ist gerade jetzt wieder in lebhaftester Erörterung. Entscheidende Feststellungen sind dadurch erschwert, dass zunächst in der Vorfrage, ob es sich nur um eine oder mehrere wirksame Substanzen handelt, eine Einigung nicht erzielt ist.

Wenn wir von der neuerdings wieder von Watanabe und Crawford energisch vertretenen Ansicht, dass wenigstens eine der im Hypophysenextrakt enthaltenen wirksamen Substanzen mit dem Adrenalin identisch ist, absehen, so steht heute wieder das Histamin als wirksame Substanz im Mittelpunkte des Interesses. Guggenheim hat zwar schon vor längerer Zeit auf die Wirkungsunterschiede zwischen dem Histamin und dem als Pituglandol bezeichneten Hinterlappenextrakt hingewiesen und bemerkt, dass aus seinen Versuchen der Wahrscheinlichkeitsschluss erlaubt ist, dass der Hypophysenwirkstoff eine ätherartige Verbindung eines Alkanolamins mit einem Azethylrest sei.

In neuester Zeit wird wieder von John Abel und seinen Schülern auf Grund eingehender Untersuchungen die Ansicht vertreten, dass die Infundibularextrakte, wie sie therapeutisch verwendet werden, beträchtliche Mengen (etwa 0,025 mg auf 1 ccm) von Histamin und histaminähnlichen Substanzen enthalten, die aber keine spezifischen Bestandteile des Infundibulums, sondern, wie besonders Nagayama nachwies, in allen tierischen Gewebsextrakten enthalten und durch Hydrolyse von Eiweisskörpern leicht zu gewinnen seien. Immerhin dürfte der genannte Hypophysenabschnitt bei dem Abbau und der Speicherung des Histamins in besonderer Weise beteiligt sein.

Die Ermittlung der im Hypophysenextrakt enthaltenen chemischen Substanz erfolgte bisher nur auf Grund ihrer pharmakodynamischen Wirkungen und Wirkungsdifferenzen. Nur auf dem gleichen Wege können wir bis heute wenigstens Auskunft erhalten darüber, in welchem Abschnitt die Wirkkörper enthalten, bzw. in welcher Weise sie auf die einzelnen Hypophysenanteile verteilt sind. Die bedeutungsvollste Frage, ob wir es wirklich mit intravital gebildeten echten Hormonen oder nur mit durch den spezifischen Gewebsaufbau einigermassen abgeänderten, allgemeinen postmortalen Zellzerfallprodukten zu tun haben, kann vorläufig auch nur auf diese Weise beantwortet werden. Hieraus erhellt schon, dass wir wenigstens einen flüchtigen Blick auf die **pharmakodynamischen Wirkungen der Hypophysenstoffe** werfen müssen, was sich übrigens schon in Anbetracht ihrer vielfachen therapeutischen Anwendung empfehlen wird. Es ist weder tunlich noch beabsichtigt, auf die nähere Erörterung von Einzelheiten einzugehen.

Das Pituitrin — ich benutze zufällig und ohne Absicht diese Bezeichnung selbstverständlich als gleichwertig mit vielen anderen, wie Infundibulin, Hypophysin, Glanduitrin, Coluitrin, Physormon, Pituglandol, Pituin usw., denn alle sind im wesentlichen Extrakte des Zwischen- und Hinterlappens — das Pituitrin hat neben seiner geringen allgemeinen Toxizität vor allem gutcharakterisierbare Wirkungen auf den Kreislauf, auf die Atmung, auf die glatte Muskulatur, auf den Stoffwechsel und die Nierensekretion.

Nach der intravenösen Verabreichung wird in der Zirkulation nach einem vorübergehenden Druckabfall ein pressorischer Effekt von längerer Dauer beobachtet. An seinem Zustandekommen beteiligt sich das Herz mit einer Verlangsamung und einer hiervon unabhängigen Verstärkung seiner Aktion, der Gefässapparat mit einer Änderung der Weite der Gefässe, die in einer in den verschiedenen Gebieten graduell verschiedenen Vasokonstriktion und anderswo, z. B. in der Niere, in einer Vasodilatation besteht. Bemerkenswert ist nun zunächst die bisher unaufgeklärte, aber fast von allen Experimentatoren beobachtete Eigentümlichkeit, dass eine nach kurzer Zeit wiederholte Reinjektion keine Drucksteigerung, sondern eine Drucksenkung hervorruft. An Stelle einer Blutdrucksteigerung tritt eine primäre Druckdepression in Erscheinung, nicht nur bei der differenten Bereitung und Behandlung (z. B. mit HCl) eines und desselben Zwischenlappenextraktes, sondern auch, allerdings in geringem Ausmasse, bei der Verwendung von Extrakten aus dem Vorderlappen oder aus der Pars nervosa. Dadurch wird die Annahme nahegelegt, dass für die hämodynamische Wirkung zwei Substanzen verantwortlich zu machen seien, die in der Fraktion II und III von Fühner in grösserer Menge enthalten sind und die Abel als die spezifisch-pressorische Substanz A einerseits und die als Histamin und histaminähnlich erkannten Substanzen C und B andererseits bezeichnet. Reine Intermediaextrakte, 5 mg frischer Substanz entsprechend, bewirken, bereits eine deutliche Blutdrucksteigerung (Atwell und Marinus). Auf Grund eigener Untersuchungen spreche ich als Produktionsstätte der pressorischen Substanz den Zwischenlappen an, von wo sie unter Umständen nach vorne in die Hypophysenzyste oder gar in die Prähypophyse, der Hauptsache nach aber nach hinten in den Hypophysenstiel und in den Hinterlappen gelangt. In neueren vergleichenden Versuchen finde ich Extrakte des Hinterlappens auf die Zirkulation stärker und in einem mehr schädigenden Sinne wirksam als solche der Intermedia. Herring konstatierte auch, dass Intermediaextrakte auf den Blutdruck, auf das Nierenvolumen und die Harnsekretion erst in der Stärke von $^{1}/_{2}$% wirksam sind, während Extrakte des Hinterlappens bereits in der 100fach schwächeren Konzentration sehr erhebliche Wirkungseffekte aufweisen. Die schon von Crowe, Cushing und Homans angenommene Aktivierung des Intermediasekretes während seiner Wanderung, vor allem in seiner zirkulatorischen und sekretorischen Aktivität dürfte eine plausible Erklärung dieser eigenartigen Verhältnisse geben. Es ist vielleicht nicht unwichtig darauf hinzuweisen, dass bei der praktischen Anwendung der hämodynamischen Wirkung am Krankenbette Extrakte, bei deren Bereitung auch Hinterlappen benützt wurde, als höherwertig anzusehen, allerdings auch mit grösserer Vorsicht zu benutzen sind als reine Zwischenlappenextrakte. In bezug auf die Uteruswirkung sind allerdings die letzteren höherwertig, so dass man Fühner durchaus zustimmen muss, wenn er betont, dass die physiologische Wirksamkeit eines Extraktes und seiner Wertbestimmung immer an jenem Organe erprobt werden soll, an dem es klinisch in Anwendung gezogen wird.

Die Atmung wird durch intravenöse Injektion von Pituitrin in besonders typischer Weise beeinflusst. In der Phase der primären Blutdruckerniedrigung tritt eine zunehmende hochgradige Abflachung und unter Umständen sogar ein Stillstand der Atmung ein. Mit dem Druckanstieg oder auf der Höhe vertieft sich die Atmung, wird verlangsamt und es kommt zu einem lang anhaltenden, zuweilen sehr bedrohlichen Atemstillstand, der aber doch schliesslich von zunehmend vertieften und dann normalen Atemexkursionen gefolgt ist. Diese bei der Reinjektion stets vermissten respiratorischen Effekte, deren Genese noch nicht klargelegt ist, werden gerade jetzt in meinem Institute näher studiert. Inzwischen wird die die Bronchialmuskulatur nervös oder wahrscheinlich direkt erschlaffende Aktion des Pituitrins — nicht der Vorderlappenextrakte, denn diese sind in dieser Richtung völlig unwirksam — bei der symptomatischen Bekämpfung des bronchialasthmatischen Anfalls in der Klinik weiterhin seine guten Dienste leisten. Interessant ist, dass Schlimpert mit Hilfe der Atemwirkung feststellen konnte, dass die embryonale Rinderhypophyse in der 26. Woche, die menschliche Hypophyse im 6. bis 7. Fötalmonat die Wirksubstanz zum erstenmal nachweisen lässt.

Von den eingehend studierten Wirkungen des Pituitrins auf die glatte Muskulatur sei nur der Uteruseffekt kurz erwähnt. Die umfangreiche Literatur des Gegenstandes kann natürlich hier nicht in Betracht gezogen werden. Die stärkste Uteruswirkung kommt der Fraktion III von Fühner zu und diese Wirkung wird auch von Abel und Nagayama zu 80% der spezifischen A-Substanz und nur der Rest dem Histamin zugeschrieben. Dass ihn gelegentlich auch Vorderlappenextrakte zeigen, kann wohl entweder auf die Anwesenheit von Histamin oder auf die Beimengung von Intermediasubstanz bezogen werden. Für die Möglichkeit, dass der Vorderlappen die Muttersubstanz liefert, liegen in der stärkeren Wirkung der Extrakte von trächtigen Tieren gewisse Anhaltspunkte vor.

Für die klinisch wichtige Auswertung der Uteruswirksubstanz ist in letzter Zeit von Trendelenburg das Histamin empfohlen worden. Die von Spaeth angegebene Methode, als Standard eine Lockeflüssigkeit mit einem KCl-Gehalt von 0,14% statt der üblichen von 0,042% zu benützen, ist einfacher und leichter durchführbar.

Die Wirkung auf die glatte Muskulatur, speziell den Uterus, ist am stärksten bei der Verwendung reiner Zwischenlappenextrakte und es können wohl die epithelialen Zellen dieses Hypophysenteils als die Produzenten dieser Substanz angesprochen werden, eine Auffassung, der auch Herring zustimmt, wenn er auch selbst von der Pars nervosa doppelt bis fünfmal so starke Wirkungen erhielt. Meiner Meinung nach ist diese Substanz ein echtes Hormon. Die günstigsten Erfahrungen Hofstätters bei der Amenorrhoe, die ich in einer Anzahl von Fällen typischer Intermedia-Insuffizienz, aber nur bei solchen, bestätigen konnte, bestärken mich in der Vermutung einer hormonal substitutiven Aktion.

Von der Stoffwechselwirkung des Pituitrins hier nur soviel, dass ich auf Grund von in meinem Institute ausgeführten Untersuchungen von Partos und Klein betonen muss, dass diese Substanz zwar eine in der Peripherie ausgelöste Hyperglykämie erzeugt, aber die Adrenalinhyperglykämie in nur so geringem Ausmasse hemmt, dass entgegen der gangbaren Anschauung ein Antagonismus beider nicht statuierbar ist. Vorderlappenextrakte sind in dieser Richtung ebenso unwirksam wie bei der Beeinflussung der Körpertemperatur. Es muss hierauf besonders hingewiesen werden deswegen, weil die angeblich mit Hilfe der Vorderlappenextrakte auslösbare, sog. kalorische Reaktion von Cushing in der Literatur viel Verwirrung angerichtet hat. Genauere Untersuchungen über den Gaswechsel beim Menschen und bei Tieren unter dem Einfluss der Hypophysenextrakte sind dringend notwendig. Die vorliegenden zeigen keine eindeutigen Ergebnisse. Solche Versuche mit Hilfe der Kroghschen Methode sind derzeit bei uns im Gange.

In der Beurteilung der Beeinflussung der Nierensekretion und des Wasserhaushaltes durch Pituitrin hat sich im Laufe der letzten Zeit ein vollständiger Wandel vollzogen. Auf Grund der Versuche von Magnus und Schäfer, die von manchen Seiten bestätigt wurden, betrachtete man die Hypophysenextrakte als ein Diuretikum, das auf die Gefässe erweiternd und auf die Drüsenzellen der Niere in spezifischer Weise sekretionsanregend einwirkt. Hoskins und Means betonen besonders die Wirkung auf die Nierenepithelien, während King und Stoland die Gefässwirkung in den Vordergrund stellen. Die Untersuchungen von Knowlton und Silvermann zeigen allerdings, dass der Sauerstoffverbrauch der Niere nicht gesteigert ist und die gesteigerte Diurese nur auf einer gesteigerten Blutdurchflutung der Niere beruhen kann. Ein Einfluss der Hypophyse auf die Steigerung der Diurese bei oraler Zufuhr von Flüssigkeit wird von Cow in dem Sinne angenommen, dass hiebei aus der Magendarmschleimhaut hormonale Substanzen in die Blutbahn gelangen, welche die Hypophyse zur verstärkten Tätigkeit anregen sollen.

Seitdem aber durch van den Velden gezeigt worden ist, dass beim Menschen die subkutane Pituitrinzufuhr eine Verminderung der Harnausscheidung zur Folge hat und dass diese Wirkung beim Diabetes insipidus noch viel deutlicher zutage tritt, haben weitere Untersuchungen diese Beobachtung bestätigt, so dass wohl heute allgemein anerkannt ist, dass das Pituitrin, von einer nur unter besonderen Umständen nachweisbaren initialen Harnflut abgesehen, eine Hemmung der Wasserdiurese mit gleichzeitiger Steigerung der Harnkonzentration, also eine Förderung der Molendiurese zur Folge hat. Nach Leschke ist die Fraktion II Fühners der Träger der harnkonzentrierenden Wirkung. Nachdem Öhme auf den Antagonismus zwischen Kochsalz und Pituitrin auf die Diurese in eigenen Versuchen hingewiesen hatte, wurde in den Untersuchungen von F. Brunn auf meiner Klinik gezeigt, dass die wasserdiuresehemmende Wirkung des Pituitrins am stärksten nach Trinken von reinem Wasser in Erscheinung tritt, nach Aufnahme von Kochsalzlösungen statt Wasser parallel mit der Konzentration der Salzlösung abnimmt und schliesslich bei entsprechender Erhöhung der Konzentration sogar eine diuretische Wirkung des Pituitrins in Erscheinung tritt. Aus weiteren Versuchen von Brunn ging dann hervor, dass für die Retention des Wassers eine Blockierung der Niere, aber, wenigstens beim Frosch, auch extrarenale Faktoren verantwortlich zu machen sind. Bei der Erörterung der Rolle der Hypophyse beim Diabetes insipidus wird die Pituitrinwirkung nochmals zu erwähnen sein.

Wenn wir nun aus den Extraktwirkungen die Frage nach den Bildungsstätten der Wirksubstanzen beantworten wollen, so kann mit einem Rückblick auf das Gesagte soviel als feststehend angesehen werden, dass der Vorderlappen pharmakodynamisch unwirksam ist und dass der grösste Teil der spezifischen Effekte einer oder mehreren Intermediasubstanzen zukommt, während der Hypophysenstiel und der Hinterlappen in erster Reihe als Abfuhrwege gelten können, in denen die Substanzen vielleicht noch weitere Modifikationen erfahren können.

Ergänzend sei über die Wirkungen der Extrakte der Pars tuberalis aus den bisher hierüber nur von Atwell und Marinus vorliegenden Untersuchungen folgendes hinzugefügt. Extrakte der Pars tuberalis der Rinderhypophyse, bei deren Bereitung eine Beimengung anderer Anteile nach Tunlichkeit vermieden wurde, wirken blutdrucksteigernd und kontrahierend auf den isolierten Uterus in viel geringerem Ausmasse als die Extrakte des Zwischenlappens und des Hinterlappens. Doch dürfte für diese Wirkung nicht die Pars tuberalis selbst, sondern die Beimengung von Hypophysenstielanteilen verantwortlich gemacht werden.

Noch einiges über die Wirkung der Extrakte des Vorderlappens! Verglichen mit dem Pituitrin werden sie als physiologisch völlig wirkungslos erklärt, doch liegt ihr Wirkungsbereich nur anderwärts. Aus den vorliegenden Untersuchungen kann auf eine gewisse Beeinflussung des Stoffwechsels und des

Blutbildes geschlossen werden. Die Angaben über die Beeinflussung des Wachstums bei Tieren sind vielfach widersprechend gewesen. Auf Grund meiner Auffassung über die Funktion des Vorderlappens habe ich trotzdem schon seit fast zehn Jahren in Fällen von Wachstumsstörungen die orale Zufuhr von getrocknetem Vorderlappen unter Beachtung strengster Kontrollen durchgeführt und konnte mitunter eine überraschende Steigerung des Wachstums konstatieren. Auffallenderweise war dieser Erfolg besonders bei jenen Individuen eingetreten, die im Pubertätsalter standen, bei denen aber Wachstum und Entwicklung nicht eintraten. Verstärktes Wachstum war dann zugleich mit einer Beschleunigung der Pubertätsentwicklung verknüpft. Wachstumshemmungen in einem früheren Lebensalter, etwa zwischen dem 8. und 13. Lebensjahre, reagierten fast gar nicht, auch dann, wenn die sonstigen Zeichen für eine hypophysäre Genese sprachen. Bei jüngeren Kindern war die wachstumssteigernde Wirkung der Hypophysenmedikation wieder mehr oder weniger deutlich. Brailsford Robertson hat durch seine exakten Untersuchungen des normalen Wachstums der Mäuse und der Beeinflussung dieses Wachstums durch das Tethelin Erklärungen für meine Beobachtungen geliefert. Er wies die Existenz von drei Wachstumsperioden bei der Maus nach und konnte zeigen, dass das Tethelin in der zweiten Periode das Wachstum unbeeinflusst lässt, nur eine Gewichtszunahme erzeugt, während es in der dritten sensiblen Periode bereits in minimalen Quantitäten das Wachstum wesentlich beschleunigt. Meine Fütterungsexperimente am Menschen, dessen Wachstumsperioden wir ja schon lange kennen, zeigen auch ein Versagen in der insensiblen Periode zwischen dem 8. und 13. Lebensjahr, eine prägnante Wirkung in der Periode der Pubertätsstreckung und eine nachweisbare Wirkung in der Periode der sogenannten ersten Streckung.

Nach Robertson beschleunigt das Tethelin das Wachstum des experimentellen Rattenkarzinoms, verkürzt die Zeit der Wundheilung und Vernarbung. Seine Angabe, dass Mäuse den nach einem kurzdauernden Hunger eintretenden Gewichtsverlust unter Einwirkung des Tethelins rascher wieder einholen, konnte bei der Nachprüfung in meinem Institute bestätigt werden, wenn wir auch in der Deutung der Versuchsergebnisse zur grössten Vorsicht gemahnt wurden. Eine Beeinflussung des Wachstums bei Ratten konnte auch Goetsch durch die Verabreichung von 0,05 g getrockneten Vorderlappenextraktes erreichen und in der Zunahme des Körpergewichtes und in einer vermehrten Körperlänge gegenüber den Kontrollen nachweisen. Er fand auch gleichzeitig eine Beschleunigung der Sexualentwicklung und hat die Vorderlappensubstanz auch klinisch in hypophyseogenen Fällen von Störungen der Sexualfunktionen mit gutem Erfolge in Verwendung gezogen.

---

Die besten Aufklärungen über die funktionellen Leistungen der Hypophyse verdanken wir einerseits den Beschreibungen der **klinischen Symptome** bei Erkrankungen des Organs und anderseits den Erfahrungen der Experimentatoren über die **Folgen der Exstirpation** und sonstiger experimenteller Eingriffe an der Hypophyse.

Ehe wir die einschlägigen Untersuchungen an Säugern besprechen, sei in Kürze auf die in neuester Zeit mit grossem Eifer betriebenen Forschungen über die Beeinflussung der Entwicklung und Metamorphose bei niederen Tieren hingewiesen.

Nachdem Leo Adler als Erster als Gegenstück zu den Fütterungsversuchen von Gudernatsch die Exstirpationen der verschiedenen Inkretorgane im Larvenstadium in Angriff genommen hatte, wurde aus Amerika über sehr ausgedehnte und bemerkenswerte Versuchsreihen über Hypophysenexstirpationen an Amphibienlarven berichtet. Aus den Ergebnissen dieser Untersuchungsreihen, die übrigens keine volle Übereinstimmung zeigen, soll hier die Hypophyse betreffend nur hervorgehoben werden, dass die Hypophysenentfernung die Metamorphose hemmt und diese Wirkung vielleicht auf dem Umwege der sekundären Schilddrüsenatrophie entfaltet. Bei den hypophysektomierten Kaulquappen beobachtete man ausserdem Pigmentanomalien, bestehend in einem metallischen Silberglanz der Tiere, bedingt durch eine Veränderung des freien epidermalen Pigments, durch eine Verminderung der Zahl und des Melaningehaltes der Melanophoren, sowie durch eine anhaltende Kontraktion dieser mit gleichzeitiger Expansion der Xantholeukophoren.

Den Beginn der Hypophysenforschung an höheren Tieren können wir auf den Zeitpunkt verlegen, da Pierre Marie die

Akromegalie als besonderes Krankheitsbild beschrieb und er sowie bald darauf Minkowski die Veränderung des Hirnanhanges als Ursache der akromegalen Veränderungen angesprochen hatten. Die daran sich anschliessenden Versuche der Entfernung des Organs bei Tieren brachten keine wesentlichen Aufklärungen. Die Ergründung der Hypophysentätigkeit gewann erst wieder neue Anregungen aus der Klinik und diese hatten bereits eine operative Inangriffnahme der Hypophyse beim Menschen veranlasst, als Paulesco seine zerebrale Methode der Hypophysenentfernung beim Tier angab und damit eine neue Ära der experimentellen Hypophysenversuche einleitete. Wir erhielten seither von verschiedenen Seiten Aufklärungen über die Leistungen und die Funktionsweise dieses kleinen unscheinbaren Organs. Wir verdanken die wichtigsten Fundamente auf experimentellem Gebiete der brillanten Technik von Cushing und seiner Schüler und schätzenswerte Ergänzungen vielen anderen. Auf dem bukkalen Wege erzielten Aschner sowie Camus und Roussy sehr schöne Ergebnisse. Die Kriegszeit war für diese eine besondere Sorgfalt erfordernde Hypophysenforschung recht ungünstig, nur in England und Argentinien konnte auf diesem Gebiete mit Erfolg weiter gearbeitet werden.

Wenn man den Klinikern und den pathologischen Anatomen den Vorwurf nicht ersparen kann, dass sie der morphologischen Gliederung der Hypophyse nicht genügend Rechnung getragen haben, dass man auch noch heute von Hypophysenerkrankungen, von einem Hyper- und Hypopituitarismus spricht, ohne die Tatsache zu berücksichtigen, dass in der Hypophyse eine Reihe von genetisch differenten Geweben zu einer anscheinenden Einheit verknüpft sind, denen sicherlich verschiedene Funktionen zukommen, so trifft dieser Vorwurf auch manche der Experimentatoren und m. E. um so schwerer, als ja bei den Versuchstieren eine genaue Lokalisation etwaiger Zerstörungen auf einzelne Gewebsteile eines zusammengesetzten Organs leichter möglich ist. Dieser Möglichkeit verdanken wir auf dem Gebiete der inneren Sekretion wichtige Aufschlüsse über die funktionelle Bedeutung anatomisch unscheinbarer Anteile komplizierter inkretorischer Apparate.

Eine Darstellung des heutigen Standes unserer Kenntnisse über die Funktionsleistungen der Hypophyse hat mit der Verwirrung zu kämpfen, welche durch die ungenügende Differenzierung der einzelnen Hypophysenanteile bei Tieren und beim Menschen angerichtet wurde. Aus diesem Grunde scheint es mir angezeigt, das aus dem grossen Tatsachenmaterial mit grosser Mühe herausschälbare Sichergestellte in der Form einzelner Leitsätze vorauszuschicken, um dann diese aus den experimentellen und klinischen Erfahrungen zu verifizieren, zu erläutern und die Umrissskizze durch die Eintragung von Einzelheiten zu beleben. Solche Leitsätze sind:

1. Der Hypophysenapparat ist ein lebenswichtiges Organsystem, dessen einzelne Anteile zwar in verschiedenen Richtungen in die Ökonomie des Tierkörpers eingreifen, deren Zusammenarbeit jedoch zur Erhaltung des Lebens unerlässlich notwendig ist.

Die Lebensnotwendigkeit des Gesamthypophysenapparates ergibt sich zunächst aus den Exstirpationsversuchen. Wenn wir ihre Gesamtheit überblicken und auch noch die neuen Versuche von Houssay und Bell heranziehen, kann wohl gesagt werden, dass die Totalentfernung der Hypophyse ein stets zum Tode führender Eingriff ist, wenn auch die Lebensdauer der operierten Tiere nach dem Alter verschieden ist, da ältere Tiere gewöhnlich schon nach 48—72 Stunden zugrunde gehen, während die jüngeren länger, sogar 2—3 Wochen überleben können, dabei aber Zeichen des zunehmenden Verfalls aufweisen.

Nur Aschner bestreitet unter Hinweis auf seine Exstirpationsversuche die Lebensnotwendigkeit der Hypophyse und bezieht die von ihm beobachteten Erscheinungen auf den totalen Wegfall des Hypophysengewebes. Meinen Einwand, dass in seinen Versuchen keine histologisch vollkommenen Exstirpationen vorlagen, sondern Anteile des Hypophysengewebes, die den Stiel umgeben und der Hirnbasis anliegen, zurückbleiben mussten, will Aschner nicht gelten lassen. Denn seine mikroskopischen Untersuchungen sollen gezeigt haben, dass in der das Tuber cinereum mit der Sella turcica verbindenden Narbenmasse entweder gar keine oder nur ganz minimale Anteile der Pars intermedia vorhanden waren. Die funktionelle Bedeutung dieser glaubt Aschner bestreiten zu können, denn sonst müsste sie nach seiner Meinung nach dem Ausfall der übrigen Hypophyse hypertrophieren, was jedoch nie der Fall war. Aschner geht sogar noch weiter; er bestreitet die Vollständigkeit der Hypophysenexstirpationen aller andern

Experimentatoren und meint, dass wirkliche Totalexstirpationen des Vorder- und Hinterlappens der Hypophyse ausser ihm anscheinend noch von keiner Seite durchgeführt worden sind. In seinen Versuchsprotokollen sowohl wie in seiner späteren Mitteilung über 300 Hunde vermissen wir allerdings eine Angabe über die Zahl der gelungenen Versuche im Verhältnis zu den misslungenen und können demnach nicht wissen, wie oft in seinen Versuchen schon nach kurzer Lebensdauer der operierten Tiere der Tod eintrat.

Bei dem heutigen Stande der anatomischen Kenntnisse über die Hypophyse muss allerdings die Frage der Möglichkeit der Totalexstirpation des Organs nicht nur für die Versuche von Aschner, sondern für alle anderen nochmals aufgeworfen werden. Es ist durchaus fraglich, ob es möglich ist, bei der Benützung welchen Weges immer das Hypophysengewebe total zu entfernen. Die neueren Experimentatoren nehmen schon Rücksicht darauf, dass eine Hinterlassung jener Anteile der Pars intermedia, welche in das Gewebe des Hypophysenstiels einwuchern, kaum vermieden werden kann, und Houssay und Hug betonen ausdrücklich, dass das Gewebe der Pars tuberalis konstant erhalten bleibt, bei der Operation nicht entfernt werden kann und nur in seltenen Fällen sekundär atrophiert. Auch sie sprechen davon, dass wesentliche Anteile des Zwischenlappengewebes im Infundibulum gefunden werden. Dass nicht die Eröffnung des dritten Hirnventrikels und die Verletzung eines im Tuber cinereum gelegenen trophischen Zentrums die Ursache des Todes nach der Hypophysektomie sei, wie Aschner meint, geht daraus hervor, dass in vielen Versuchen nach weiter Eröffnung des Hirnventrikels ein längeres Überleben und andererseits wie in den Versuchen von Bell nach Exstirpation der Hypophyse ohne Eröffnung des dritten Hirnventrikels ein baldiges Ableben der Tiere konstatiert werden konnte.

Eine Diskussion über die Lebenswichtigkeit der Gesamthypophyse und über das Zustandekommen einer hypophysären Kachexie erübrigt sich, seitdem Simmonds 1914 gezeigt hat, dass es Fälle von progressiver Kachexie gibt, bei denen kein anderer pathologisch-anatomischer Befund zu erheben ist als eine totale Zerstörung des Hirnanhangs. Heute liegen bereits analoge Beobachtungen in einer recht beträchtlichen Anzahl vor (eine Zusammenstellung solcher Fälle gibt Leschke). Destruktive

Prozesse der verschiedensten Art, maligne Tumoren, chronische Infektionen, wie Tuberkulose und Syphilis, septisch-embolische Prozesse, kurz alles, was den vollkommenen Schwund des Hypophysengewebes zur Folge hat, führt bei Erwachsenen in kürzerer oder längerer Zeit, oft erst mit ausgesprochen chronischem Verlauf zum frühzeitigen Altern, zur fortschreitenden Entkräftung und Abmagerung, zu einer Atrophie der Organe, zur schwersten Kachexie und zum Tode[1]).

Die klinische Diagnostik solcher Fälle ist zuweilen dadurch erleichtert, dass manche anamnestische Andeutungen auf einen Hirntumor oder bekannte hypophysäre Symptome in abnormer Kombination hinweisen und das vorliegende Krankheitsbild der Senilität und des Marasmus genetisch beleuchten können. Oft setzt allerdings der unaufhaltsame Körperverfall plötzlich ein. Der schon von Simmonds, E. Fraenkel u. a. empfohlene Versuch einer Hypophysenmedikation ist bisher meines Wissens nicht ausgeführt worden.

2. Der **Vorderlappen der Hypophyse** ist eine echte **Wachstumsdrüse** mit morphogenetischer Hormonwirkung, deren in die Blutbahn abgegebenes Inkret als Harmozon vielleicht schon im Embryonalleben, sicher aber in der Lebensphase der noch nicht vollendeten Entwicklung das Wachstum und damit die Dimensionierung und den Habitus des Körpers zum Teil direkt, zum Teil dadurch mitbestimmt, dass es die andern Evolutionsdrüsen und unter diesen in erster Reihe die Keimdrüsen korrelativ beeinflusst. Die genetischen, mit der Prähypophyse verwandten Anteile, vor allem die akzessorische Rachendachhypophyse sind auch funktionell als Hilfsapparate der Hauptdrüse zu betrachten. Beim Erwachsenen ist die Funktionssphäre der Wachstumsdrüse begreiflicherweise wesentlich eingeschränkt.

Unsere zweite These, dass der Vorderlappen eine Wachstumsdrüse ist, können wir durch eine grosse Reihe von Beweisen erhärten. Zunächst aus den Ergebnissen der Tierversuche.

---

[1]) Für diese hypophysäre Kachexie hat Lichtwitz auf dem Kongresse für innere Medizin die Bezeichnung „Simmondssche Krankheit“ vorgeschlagen.

Relativ grosse Anteile des Vorderlappens können experimentell entfernt werden, ohne dass die Tiere zugrunde gehen.

Bei erwachsenen Tieren waren auffallende Erscheinungen selbst bei monatelangem Überleben nicht zu sehen. Bei einer neuerlichen Durchmusterung der anatomischen Präparate meiner seinerzeit partiell hypophysektomierten Tieren konnte ich feststellen, dass der Verlust selbst beträchtlicher Anteile des Vorderlappens keine nachweisbaren Folgeerscheinungen hatte. Namentlich fehlte die Fettsucht und eine genitale Atrophie. Die von mir seinerzeit beschriebene stärkere Anhäufung von Fett im Omentum und im Retroperitonealraum, sowie die hochgradige Atrophie des gesamten Genitaltraktes betraf Tiere, bei denen die genauere Untersuchung neben dem Wegfall des gesamten Vorderlappengewebes auch einen solchen von Anteilen des Zwischenlappens und in dem zurückgebliebenen Zwischenlappengewebe sekundäre destruktive Veränderungen ergab. In den Versuchen von Bell war die partielle Entfernung des Vorderlappens in vier Fällen von längerer Lebensdauer begleitet und ohne Folgen.

Unzweifelhaft imposanter und bedeutungsvoller sind die Folgeerscheinungen des Wegfalls eines grösseren Anteils der Prähypophyse bei jugendlichen Tieren.

Cushing gebührt das Verdienst, zum erstenmal auf experimentellem Wege einen Symptomenkomplex erzeugt zu haben, der mit den klinischen Folgen von gewissen Hypophysenerkrankungen in Parallele gestellt werden konnte. Die schönen Versuche von Aschner brachten eine Vertiefung unserer Kenntnisse über die Wachstums- und Entwicklungsstörung. In der Erkenntnis der funktionellen Differenzierung der einzelnen Hypophysenanteile bedeuten diese Versuche aber ebensowenig einen Fortschritt wie die Versuche von Ascoli und Legnami. In den neuesten Versuchen von Houssay und Hug finden wir schon einige Hinweise auf die Rolle der einzelnen Hypophysenabschnitte.

Heute ist es unsere wichtigste Aufgabe, festzustellen, wieweit die einzelnen Symptome in den Versuchen als Ausfallserscheinungen der Vorderlappentätigkeit zu betrachten sind. Wir können hiebei von der Tatsache ausgehen, dass trotz der weitgehenden Ähnlichkeit der Folgen der Hypophyseoprivie beim Tier mit den Symptomen der Fröhlichschen Dystrophia adiposogenitalis des Menschen doch prinzipielle Unterschiede zwischen beiden vorhanden sind. Bei den im frühen Alter operierten Tieren steht in erster Reihe die Wachstumshemmung und das in den Versuchen von Aschner besonders schön sichtbare Stehenbleiben auf einer frühen Entwicklungsstufe. Weder der Zwergwuchs noch der infantile Habitus gehören aber zum typischen Bild der Fröhlichschen Krankheit. Für den Zwergwuchs ist dies unbestritten. Von einer Wachstumshemmung wird hierbei von keiner Seite gesprochen[1]).

Der infantile Gesamthabitus wird allerdings erwähnt und aus der mangelhaften Entwicklung der Keimdrüsen und der sekundären Geschlechtsmerkmale deduziert. Halten wir uns aber an eine schärfere Begriffsbestimmung des Infantilismus, nämlich an das Erhaltenbleiben der Merkmale des echten Kindesalters, das sind: die Kleinheit des knöchernen Skeletts und der inneren Organe, die dem Kindesalter entsprechenden Proportionen des Kopfes, des Rumpfes und der Extremitäten, das Fehlen mancher Knochenkerne und Offenbleiben der Epiphysenfugen, die Übererregbarkeit des Nervensystems und die eigenartige psychische Verfassung der Kindheit, dann wird man zugeben müssen, dass man von all dem beim Typus Fröhlich nichts oder fast nichts antrifft, während die jungen hypophyseopriven Hunde sich gerade durch das Erhaltenbleiben kindlicher Merkmale am Skelettsystem und den inneren Organen, aber auch in ihrem gesamten Aspekt und psychischen Verhalten auszeichnen. Die hypoplastische Minderentwicklung des Genitalapparates ist beiden Fällen gemeinsam. Doch ist der infantile Zustand der Keimdrüse und des Geschlechtsapparates, das Fehlen der sekundären Sexusmerkmale bei einer Hemmung der Entwicklung etwas sozusagen Physiologisches. Bleibt ein hypophyseoprives Tier ungefähr auf jener Entwicklungsstufe, auf welcher seine Weiterentwicklung durch die Operation gehemmt wurde, dann ist es naturgemäss, dass sein Skelett nicht wächst, und auch seine Keimdrüsen keine Weiterentwicklung erfahren. Anders bei der adiposogenitalen Dystrophie. Wenn die dazu

[1]) Dem widerspricht es nur scheinbar, wenn Erdheim sagt: „Der Paltaufsche Zwergwuchs gehört mit zu den Symptomen der Dystrophia adiposogenitalis". Denn gerade er bezieht den ersteren auf die Läsion des Vorderlappens, die letztere auf eine solche der Hirnbasis. Nur ein Tumor, der an beiden Orten einwirkt, hat Nanosomie und Dystrophie gleichzeitig zur Folge.

führende Erkrankung ein Individuum in der Kindheit ereilt, dann haben wir ein Fettkind vor uns, das aber, soweit ich meine eigenen und fremden Erfahrungen überblicke, keine Wachstumsstörung und eigentlich auch keine Entwicklungshemmung aufweist. Die Fettkinder sind für ihr Alter nicht nur gross genug, sondern häufig sogar sehr gross. Der präadoleszente Typus von Cushing weist im allgemeinen auch keine Wachstumsstörung auf. Die Grösse und Beschaffenheit der männlichen Keimdrüse entspricht nicht jenem Alter, in welchem die Krankheit begann, sondern die Hypoplasie ist bei weitem stärker. Berücksichtigt man ferner, dass die Fröhlichsche Krankheit beim Erwachsenen mit einer starken Funktionsverminderung der Keimdrüsen, Aufhören der Menstruation und der Libido einsetzt und weiterhin zu einer hochgradigen Involution des Genitales führt, wobei pari passu die sekundären Merkmale sich zurückbilden, dann darf man wohl annehmen, dass hier nicht eine Entwicklungshemmung des Keimdrüsenapparates, nicht ein Infantilismus, sondern eine sekundäre Schädigung der Keimdrüse und ihrer Funktion, wenn man will, eine gewisse Art des Späteunuchoidismus vorliegt.

Durch die Hypophysenexstirpation ist bei den Versuchstieren bisher meines Erachtens nicht die adiposogenitale Dystrophie, aber auch nicht das reine Bild der Wachstums- und Entwicklungshemmung sondern eine Kombination beider erzeugt worden, was wir bei der Heranziehung der Erfahrungen der menschlichen Pathologie unschwer erkennen.

Angesichts der bei einer Überfunktion des Hypophysenvorderlappens in Erscheinung tretenden Wachstumsanregung könnte bei einer Funktionseinschränkung dieses Lappens zunächst eine Wachstumshemmung erwartet werden und ich habe, wie ich glaube, als Erster darauf hingewiesen, dass manche Fälle von Zwergwuchs und die von Gilford als Ateleiosis bezeichneten, zu einer bestimmten Lebenszeit einsetzenden Entwicklungshemmungen durch eine Einschränkung der Tätigkeit des Vorderlappens bedingt sein könnten. Durch eine kritische Analyse der einzelnen Fälle und unter genauer Beschreibung eines eigenen Falles hat dann Erdheim den Paltauf-Zwerg als eine meistens durch einen Hypophysentumor bedingte Nanosomia pituitaria erkannt[1]). Mit

[1]) In Falle Erdheims handelte es sich um einen auf embryonaler Keimversprengung beruhenden intrasellaren Hypophysengangmischtumor, der

Recht hebt Simmonds hervor, dass bei Geschwulstbildungen, die die ganze Hypophyse geschädigt hatten, die Frage offen bleiben muss, ob eine Schädigung des Vorder- oder des Hinterlappens das Wesentliche war. Der von ihm publizierte Fall, in welchem der Hinterlappen die übliche Form und Grösse, auch im mikroskopischen Bilde normale Verhältnisse zeigte, während das Zwischenlappengewebe in Form von grösseren und kleineren Zysten vorlag, der Vorderlappen aber makroskopisch gar nicht und mikroskopisch nur in Spuren zu erkennen war, beweist, dass die Atrophie des Vorderlappens allein zu einem sog. infantilen Zwergwuchs führen kann.

In neuerer Zeit sind mehrere Fälle von solchem hypophysären Zwergwuchs beschrieben worden. Besonders interessant ist ein von Priesel mitgeteilter Fall, einen 91jährigen Mann betreffend, der sich bis zu seinem 15. Lebensjahre normal entwickelte, dann aber im Wachstum zurückblieb, im ganzen eine Körperlänge von 132 cm erreichte. Das Skelett hatte völlig kindliche Proportionen, die Epiphysenfugen waren, man kann wohl sagen, schliesslich doch verstrichen, das Genitale von kindlichen Dimensionen, die sekundären Merkmale, namentlich der Bartwuchs fehlten vollkommen. Die am Hoden nachweisbare Atrophie könnte zur Erklärung einer eunuchoiden Fettverteilung herangezogen werden. An der Hypophyse fehlte der Vorderlappen vollständig, nur am Hypophysenstiel und als Bekleidung des zystischen Zwischenlappens fanden sich einzelne Vorderlappendrüsenzellen, die Neurohypophyse wird als völlig unverändert bezeichnet.

In einem von Peritz mitgeteilten Fall fand sich bei einer Zwergin mit infantilen Charakteren statt der Hypophyse nur ein von der Hirnbasis durch den offenen Canalis craniopharyngeus zum Rachendach herabziehender Gewebsstrang, der keinerlei Reste der Hypophyse mehr aufwies. Dass auch die anatomische Beurteilung solcher Fälle überaus schwierig ist, zeigt ein von mir beobachteter und von E. J. Kraus morphologisch genau beschriebener Fall, der nach meinem Dafürhalten am ehesten einen direkten Vergleich mit den hypophysektomierten Tieren erlaubt. Neben dem Zwergwuchs bestand nämlich bei der 27 jährigen Frau eine ausgesprochene Fettsucht und genitale Unterentwicklung mit übrigens

in den Vorderlappen einwachsend eine weitgehende Druckatrophie der ganzen Hypophyse zur Folge hatte.

gut ausgeprägten sekundären Sexusmerkmalen. Die Sektion der 121 cm langen Person zeigte eine auffallend kleine Hypophyse mit hochgradiger Hypoplasie der Neurohypophyse und hochgradiger Verarmung des Vorderlappens an eosinophilen Zellen. In dem letzteren Befund, in einer Unterfunktion der eosinophilen Zellen erblickt Kraus die Ursache des verminderten Knochenwachstums.

Erdheim ist der Ansicht, dass der Hypophysenausfall, bedingt durch Tumorbildung, wie er dem Paltaufschen Zwergwuchs zugrunde liegt, die endochondrale Ossifikation in allen drei Akten hemmt und daher das Individuum klein und seine Knorpelfugen offen bleiben.

Kraus meint, dass in seinem Falle der Mangel an eosinophilen Zellen vor allem den ersten Akt des Längenwachstums, die Knorpelwucherung hemmte, während die weiteren, nämlich Knorpelabbau und Knochenanbau normal verliefen, so dass das Individuum klein blieb, aber seine Epiphysenfugen zu normaler Zeit verknöcherten. Meiner Auffassung nach handelt es sich hier in erster Reihe um eine Dystrophia adiposogenitalis, der anatomisch die Veränderung an der Neurohypophyse und wahrscheinlich auch am Hypophysenstiel entsprach. Die Hemmung des Knochenwachstums kann wohl auf die Strukturveränderungen des Vorderlappens bezogen werden, mit denen ich auch die frühzeitige Senilität des Individuums in Zusammenhang bringen möchte.

Die genaue Untersuchung vieler Zwerge, eine Aufgabe, mit welcher ich mich seit etwa einem Dezennium sehr intensiv befasse, so dass ich allerdings unter grossen Mühen und Schwierigkeiten bereits ein ganz ansehnliches Material sammeln konnte, die planmässige Beachtung aller zur Aufklärung der Genese verwertbaren Merkmale zeigt, dass der hypophysäre Zwergwuchs und vor allem das Bild des sog. hypophysären Infantilismus, richtiger vielleicht der hypophysären Ateleiosis keineswegs so selten ist, wie man dies nach der Literatur vermuten könnte. Man trifft hypophysäre Zwerge unter den zur Schaustellung kommenden Zwergen, man trifft aber viel häufiger noch hypophysäre Ateleiotiker an, die meinen Erfahrungen nach vielfach mit Hypothyreotikern verwechselt werden.

Einen sehr instruktiven Fall von hypophysärem Zwergwuchs sah ich in einem als Artisten auftretenden 26jährigen 123 cm langen Zwerg, dessen zwei Brüder in dem grossen englischen Sammelwerk von Rischbieth abgebildet sind, von denen der eine als Infantilismus und der andere als myxödematöser Zwerg aufgefasst wird. Aus der Familienanamnese erhellt, dass von den 8 (5 männlichen und 3 weiblichen) Kindern normal grosser Eltern das erste männliche Kind anscheinend ein hypothyreotischer Zwerg, das vierte männliche Kind vermutungsweise ein hypophysärer Atelciotiker und das letzte achte Kind eben unser Zwerg ist. Er wurde angeblich in normaler Grösse geboren und soll bis zu seinem sechsten Jahre normal gewachsen sein. Dann blieb das Wachstum stark gehemmt, so dass er bis zum 14. Lebensjahr nur die Grösse von einem Meter erreichte. Von diesem Zeitpunkte an produzierte er sich als Sänger und Tänzer im Variété, ist aber in der Pubertätszeit vom 14. bis zum 18. Lebensjahr noch um etwa 20 cm gewachsen. Er präsentiert sich (Fig. 7—9) auf den ersten Anblick als Miniaturmensch und zeigt in seinem Auftreten und Benehmen die Charaktere eines Erwachsenen. Er ist auch geistig seiner Bildungsstufe entsprechend vollwertig und besorgt seine Angelegenheiten vollkommen selbständig. Die nähere Untersuchung der Körperproportionen ergibt ausgesprochen kindliche Merkmale. Es überwiegt die Oberlänge gegenüber der Unterlänge. Der Kopf ist relativ gross, kugelig, das Gesicht breit, mit vorn stehenden Ohren, die Beckenform ist infantil. Das Stehenbleiben auf einer etwa der Präpubertät entsprechenden Entwicklungsstufe zeigt sich auch in den Dimensionen und dem Entwicklungsgrade der äusseren Genitalien (Fig. 10) und dem fehlenden Hodendeszensus, im Fehlen der

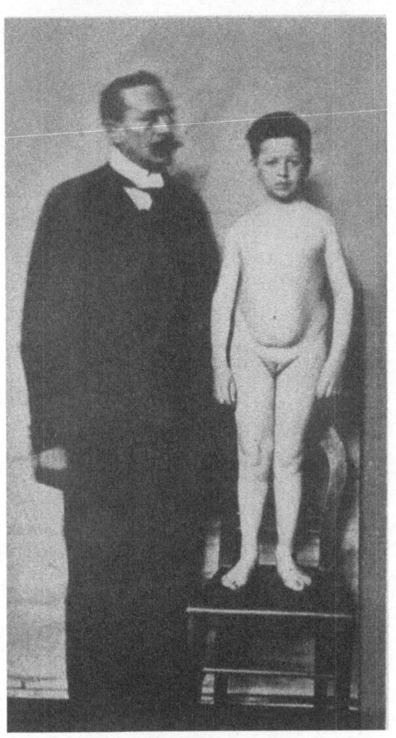

Fig. 7.
26jähriger hypophysärer Zwerg. 123 cm lang. Mit kindlichen Proportionen. Vorderansicht.

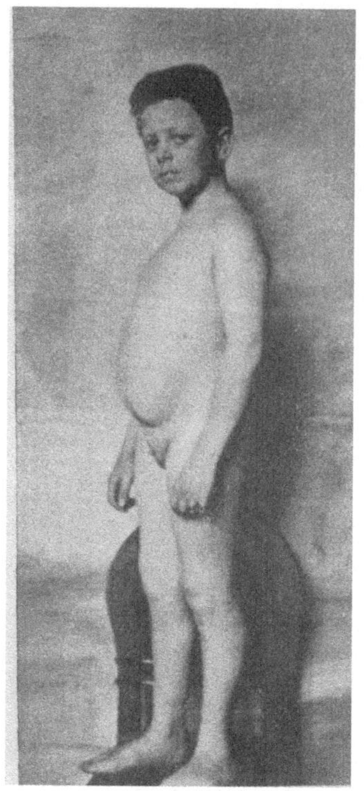

Fig. 8.
Seitenansicht von Fig 7.

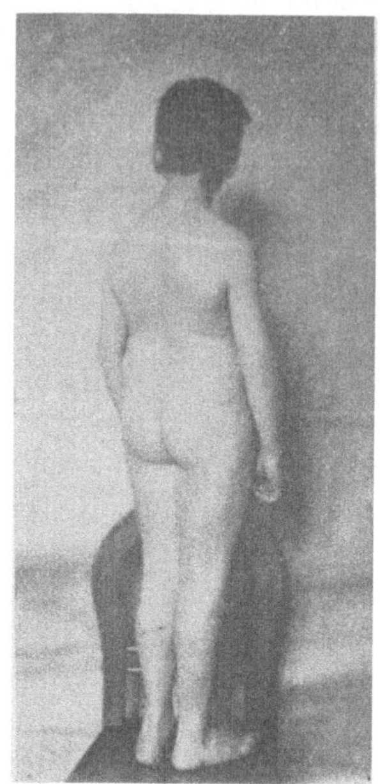

Fig. 9.
Rückenansicht von Fig. 7.

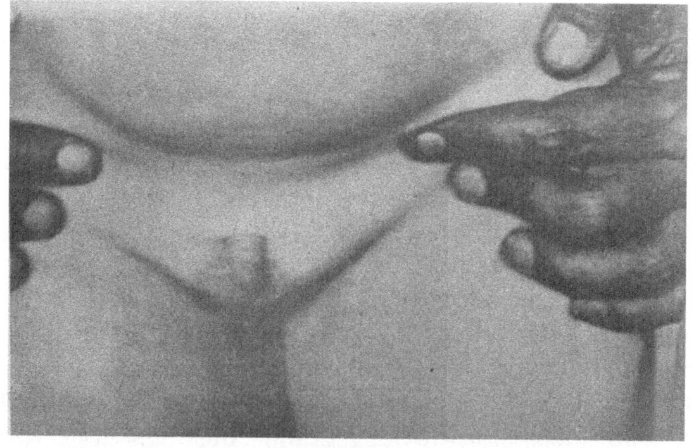

Fig. 10.
Unterbauch und Genitalregion von Fig. 7.

Körperbehaarung und im völligen Ausbleiben der Bartbildung in der Beschaffenheit der Kopfhaare und in den offenen Epiphysenfugen an Radius und Ulna. Die Fettverteilung entspricht den kindlichen Verhältnissen. Bei der Betrachtung des Bauches mit dem tiefstehenden Nabel, des dicken Fettpolsters am Mons

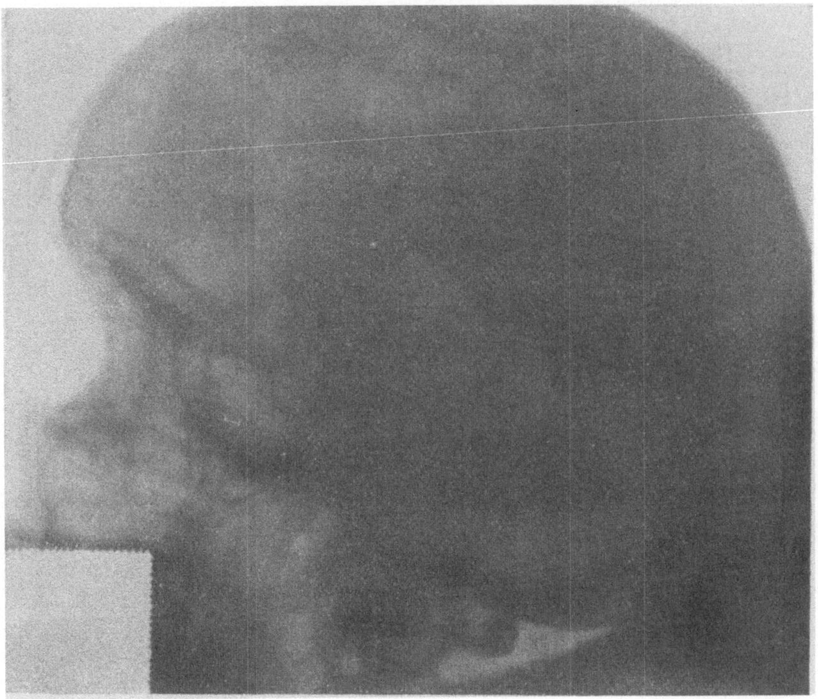

Fig. 11.
C. M. 22jährige Nanosomie mit geringer Erweiterung der Sella turcica.

veneris, der Fettwülste seitlich am Hodensack, in der Analgegend und am Oberschenkel glaubt man ein Kind vor sich zu sehen. Eine stärkere hypophysäre Fettansammlung in der Weichen- und Lendengegend ist gerade nur angedeutet. Röntgenologisch fand sich eine deutliche, wenn auch nicht übermässige Verkleinerung und Abflachung der Sattelgrube. Den Vorschlag einer medikamentösen Behandlung lehnte der Mann in der Befürchtung einer Schädigung in seinem Berufe ab.

Zur klinischen Charakteristik des hypophysären Infantilismus und Zwergwuchses gehört in erster Reihe die in einer bestimmten Entwicklungsstufe einsetzende Wachstumshemmung und das Erhaltenbleiben der Merkmale dieses Zeitpunktes, wenn auch eine Weiterentwicklung allerdings in stark eingeschränktem Ausmasse noch stattfindet. Der Zustand

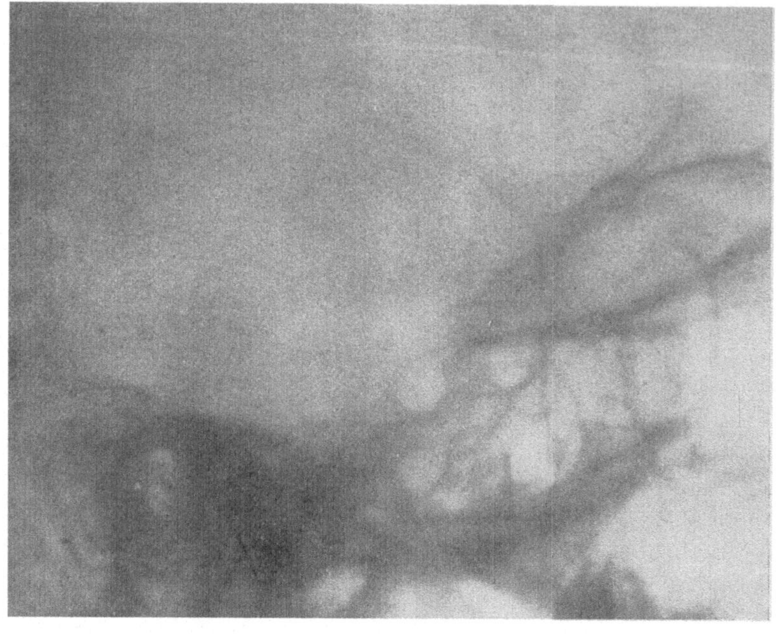

Fig. 12.
M. T. 17jährige Nanosomie. Eingang in die Sella durch beide Knochenvorsprünge fast verschlossen.

des Genitalapparates bleibt gleichfalls auf der zur Zeit der Entwicklungshemmung erreichten Stufe und seine Entwicklung schreitet nur in sehr unbedeutendem Masse fort.

Es ist aber m. E. nicht zutreffend, wenn Peritz die Hypoplasie des Genitales und die starke Fettentwicklung als gemeinsames Merkmal des hypophysären Zwergwuchses und der Fröhlichschen Krankheit bezeichnet. Die universelle Adipositát gehört nicht zum reinen Bild des pituitären Zwergwuchses. Die mit Fettsucht verknüpften Fälle sind Kombinationsformen, deren experimentelles Paradigma in den hypophyseopriven Tieren gegeben ist, bei denen nicht nur grosse Anteile des Vorderlappens, sondern auch andere Abschnitte der Hypophyse entfernt worden sind. In solchen Fällen beim Menschen müssen wir auch an eine analoge Genese denken, neben der Funktionseinschränkung des Vorderlappens noch an

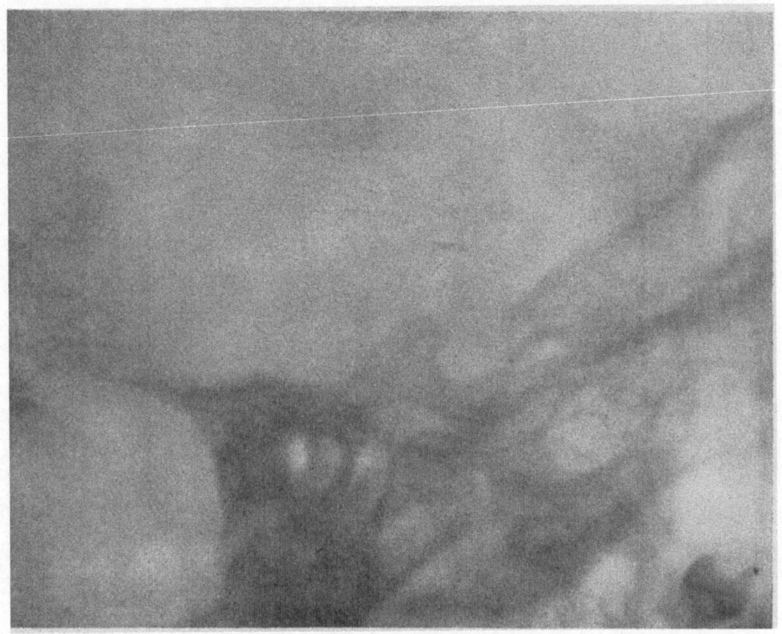

Fig. 13.

P. 12jährig. Hochgradige Hypophysäre Ateleiosis. Sella-Eingang weit. Vorderlappenmedikation ohne nennenswerten Effekt.

jene pathologischen Momente, die wir dann bei der Besprechung der Dystrophia adiposogenitalis näher erörtern werden.

Andere klinische Merkmale der Beteiligung der Hypophyse, nämlich die Hirndrucksymptome und der Röntgenbefund müssen von dem gleichen Gesichtspunkte beurteilt werden. Es müssen beim hypophysären Zwergwuchs die Hirndruckerscheinungen keineswegs immer fehlen, wie Peritz meint. Anatomisch untersuchte Fälle pituitärer Nanosomie zeigten Tumoren, die wie im Falle Erdheim vom Hypophysengange aus ihren Ursprung nehmen, in anderen Fällen den Vorderlappen betreffen können. Unter meinen reinen hypophysären Zwergen waren zwei mit Hirndrucksymptomen, der eine mit typischen Kopfschmerzen, der andere überdies noch mit

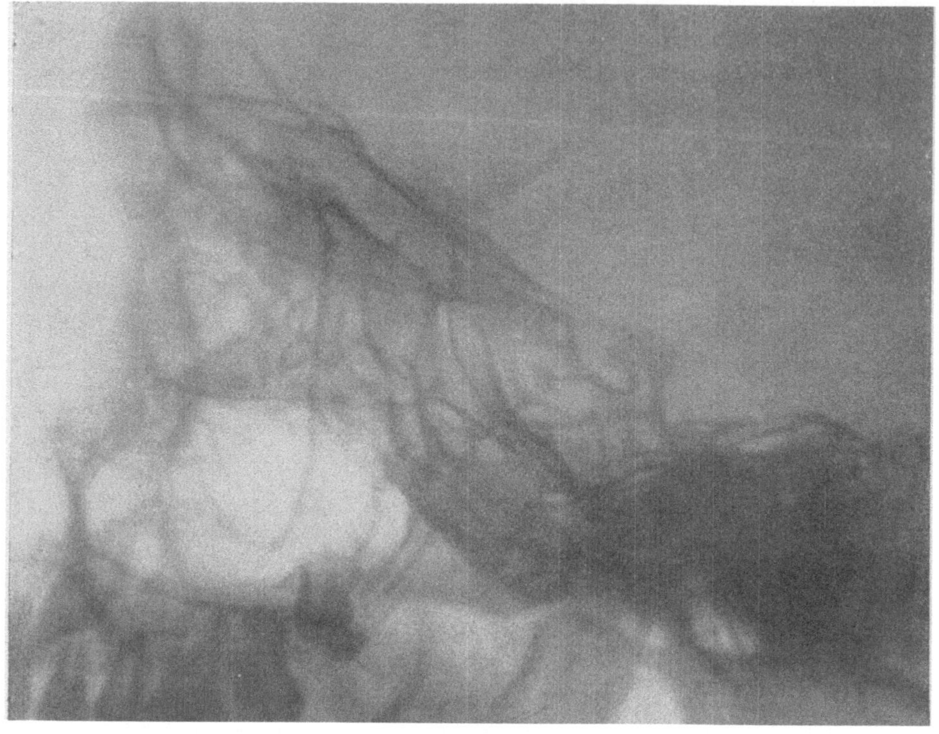

Fig. 14.
F. 15 jährig. Mit hochgradiger genitaler Hypoplasie und leichter Adipositát. Vielleicht Kombinationsform mit Fröhlich scher Krankheit. Sattelgrube hat die Gestalt einer flachen Bohne.

allerdings stationären Augensymptomen und bei beiden ergaben die Röntgenbilder typische intrasellare Tumoren.

Sowohl hypophysäre Zwerge als auch namentlich hypophysäre Ateleiotiker lassen oft alle auf Hirndruck zu beziehenden Symptome ebenso wie im Röntgenbilde Zeichen eines Hypophysentumors vermissen. Eine Erweiterung des Türkensattels ist in reinen Fällen selten, häufiger dort, wo Kombinationssymptome vorliegen. Relativ häufig — ich verfüge über vier solcher Beobachtungen — sieht man eine starke Grössenabnahme der Sattelgrube, nicht gleichmässig in allen Dimensionen, sondern auch in unregelmässigen zackigen Formen. Sie erscheint in Gestalt einer kleinen, flachen, gequetschten Bohne. Die Figuren 11—15 zeigen Röntgenbilder des Türkensattels von Fällen hypophysärer Nanosomie und Ateleiosis.

Ein klinisches Merkmal ist bei der hypophysären Ateleiosis besonders ausgeprägt und das ist das frühzeitige Altern.

Die Progeria gehört mit zu den Erscheinungen, die man an allen Infantilen mehr oder weniger deutlich antrifft. Eine verzö-

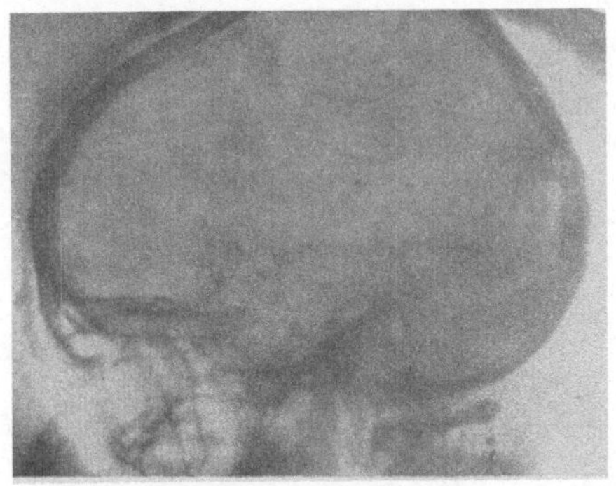

Fig. 15.

R. 15jährig. Hochgradige hypophysäre Ateleiosis. Eingang der Sella fast verschlossen. In der Mitte der Grube eine Kalkablagerung.

gerte Evolution hat anscheinend stets eine beschleunigte Involution zur Folge. Besonders auffallend sind die Zeichen der Senilität bei den Ateleiotikern schon im frühen Alter (Fig. 16—20).

In einem Falle meiner Beobachtungen hatte ein zehnjähriges Mädchen das Aussehen, den Stoffwechsel und das somatische und psychische Befinden einer Greisin.

Eine wichtige Stütze für meine Auffassung, dass Evolutionshemmung und konsekutiv verfrühte Involution durch den Mangel an pituitären Wachstumshormonen bedingt ist, erblicke ich in den geradezu überraschenden Erfolgen der Organotherapie.

In dem soeben erwähnten Falle konnte nach einer halbjährigen regelmässigen Zufuhr von Vorderlappen nebst geringen Mengen von Ovariensubstanz das überraschende Resultat verzeichnet werden, dass das greisenhafte Kind sich mit einem Längenwachstum von 11 cm durch Umänderung der Beschaffenheit der Haut, der Haare und Nägel in seinem Gesamthabitus zunehmend in das Kindhafte rückverwandelte.

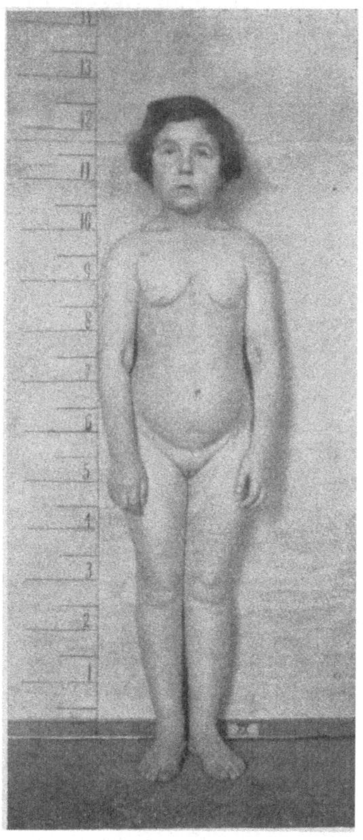

Fig. 16.
S. 7jährig, mit schlaffer, faltiger Haut und Zeichen der Senilität. Genitale dem Alter entsprechend. Mammaentwicklung durch die schlaff, fettlose Haut vorgetäuscht.

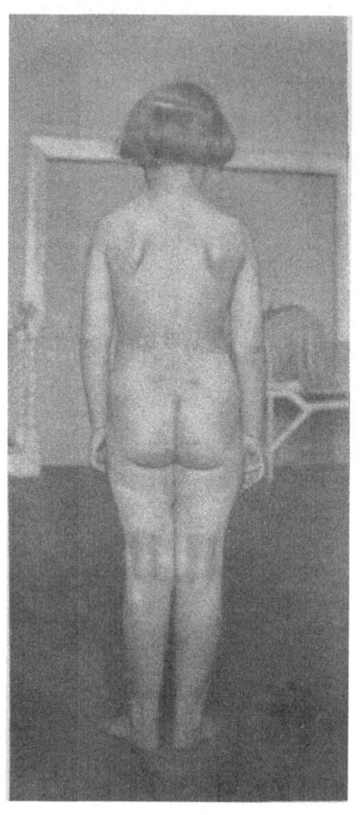

Fig. 17.
Rückansicht von Fig. 16.

Aus meiner ziemlich reichen Kasuistik der Wachstumsanregung durch Vorderlappenfütterung bei hypophysärem Kümmerwuchs seien zwei kurz erwähnt. Ein 18jähriger, 131 cm langer Junge mit kindlichem Habitus und Proportionen, mit einer Genitalentwicklung

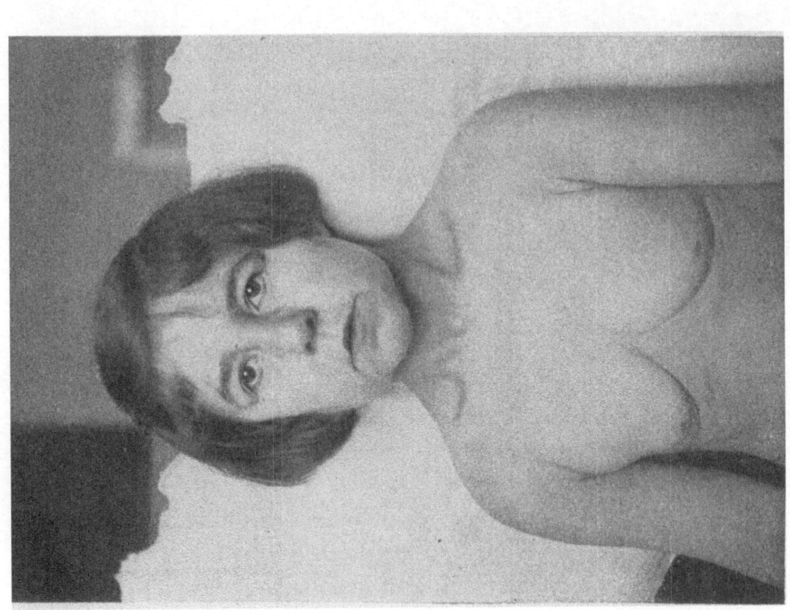

Fig. 18.
En face-Bild von Fig. 16.

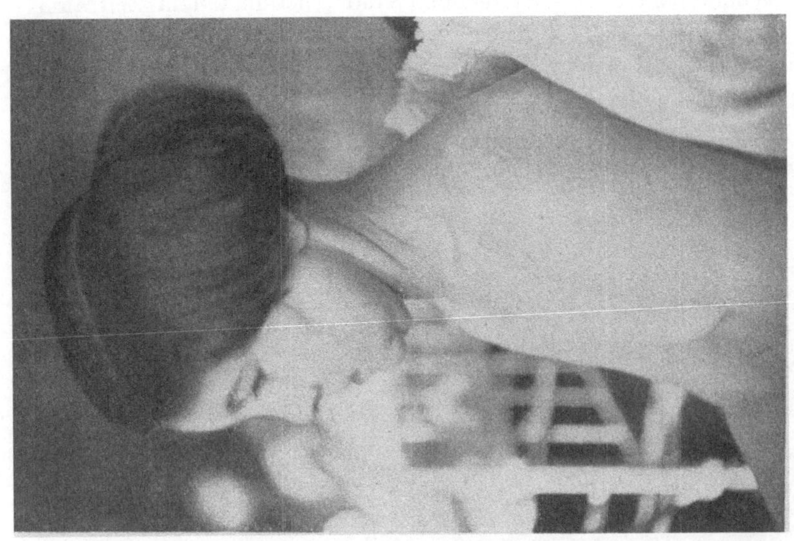

Fig. 19.
Profilansicht von Fig. 16, an welchem die schlaffen Halsfalten besonders gut erkennbar sind.

entsprechend einem 7—8jährigen Kinde, ist in einem Zeitraum von einem Jahre um 14 cm gewachsen, sein Genitale hat sich zu jener Grösse und jenem Funktionszustand entwickelt, wie es der beginnenden Pubertät entspricht (Fig. 21).

Ein 17jähriges, der Grösse und Entwicklungsstufe nach einem 7jährigen entsprechendes Mädchen wuchs während einer zwei-

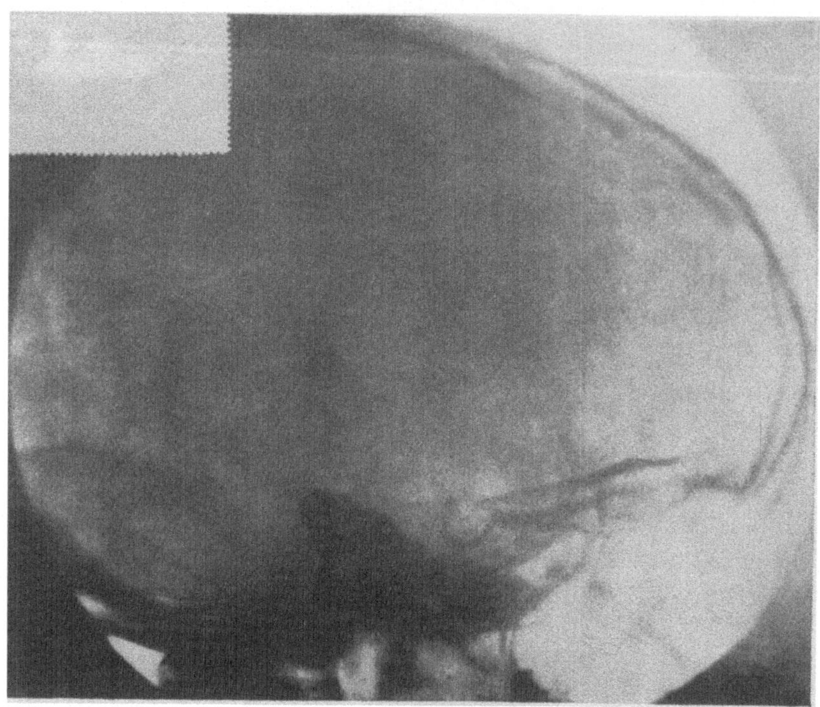

Fig. 20.
Röntgenbild der Sella von Fig. 16.

monatigen Medikation um 4 cm, im gleichen Zeitraum ohne Medikation um 1 cm, in den folgenden 2 Monaten mit Vorderlappenfütterung um 4,5 cm und bekam dabei die präpuberale Körperfülle (Fig. 22).

Eine grosse Gruppe von Argumenten für die Wachstumsfunktion der Prähypophyse ist unbestritten. Die Überfunktion des Organs, welche in einer Hyperplasie seiner Parenchymzellen zum anatomischen Ausdruck gelangt, wird von allen Seiten über-

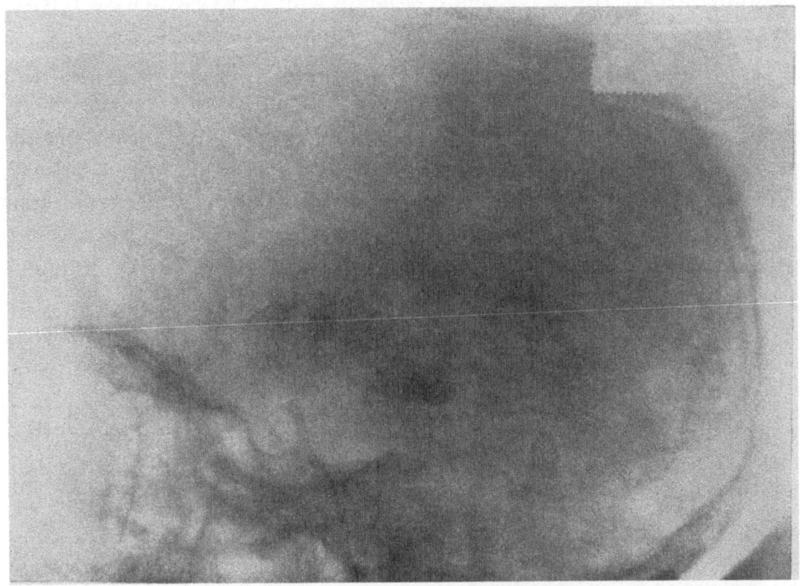

Fig. 21.
F. 18 Jahre alt, 131 cm. Röngentbild des Schädels, in der Sattelgrube leichte Verschattung, steil gestelltes Dorsum. Organotherapie mit auffälligem Erfolg.

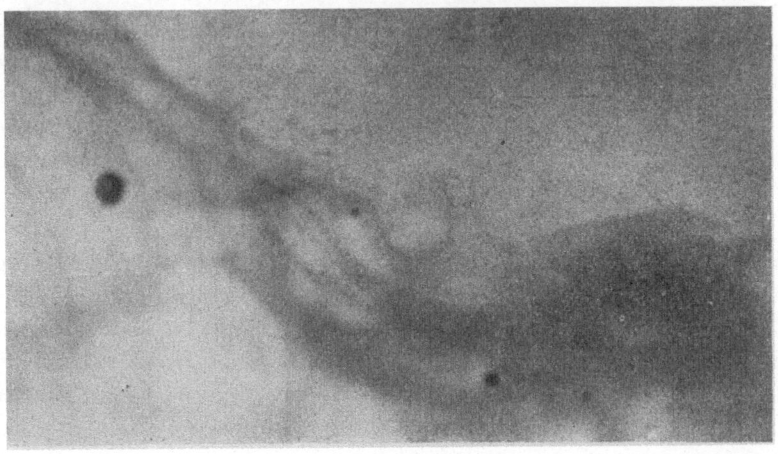

Fig. 22.
W. 17jährig, auf der Entwicklungsstufe einer 7jährigen. Sattelgrube vielleicht vertieft. Dorsum nach vorne gekrümmt. Organotherapie mit Erfolg.

einstimmend als das auslösende Moment von Steigerungen und Umänderungen des Wachstums angesprochen.

Im Tierversuch ist es bisher anscheinend nicht geglückt, abgesehen von indirekten, inkretorisch vermittelten Hyperplasien, direkte, spezifische Volumszunahmen oder gar Tumoren des Vorderlappens zu erzeugen. Nur Chiasserini macht eine diesbezügliche positive Angabe in der Richtung, dass nach experimenteller Infektion der blossgelegten Hypophyse bei Hunden mit Tuberkelbazillen Wucherungen des Parenchyms zustande kamen, die auch der Akromegalie ähnliche Veränderungen an der Haut und an den Knochen zur Folge hatten. Langwierige und mühsame Versuche, die ich in den Jahren 1912—13 mit weiland Dr. Winiwarter unternommen habe, um Tumoren der Hypophyse und ihrer Umgebung zu erzeugen, blieben in bezug auf den ersten Punkt erfolglos. Die Erzeugung eines die Hypophyse oder ihren Stiel komprimierenden Tumors ist uns einigemale sehr schön gelungen, sogar in der Weise, dass wir die allmähliche Volumszunahme der Geschwulst nachahmen konnten.

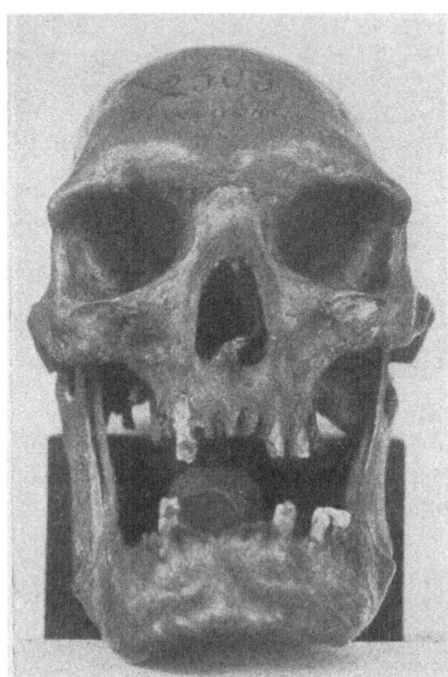

Fig. 23.

Beim Menschen kennen wir zwei typische Formen **prähypophysärer Wachstumssteigerung**, den Riesenwuchs und die Akromegalie.

Über den **Riesenwuchs** können wir uns kurz fassen. Seit der umfassenden Monographie von Launois und Roy ist über die Riesen eigentlich nichts Neues berichtet worden. Unser Zeitalter scheint die Entstehung und Ausbildung von Riesen in keiner Richtung zu begünstigen. Die pathogenetische Bedeutung der Hypophyse ist wohl angesichts der stets anzutreffenden röntgenologischen Vergrösserung der Sattelgrube und des konstanten anatomischen

Befundes der in der Regel auf Drüsenadenome beruhenden Vergrösserung des Hirnanhanges nicht zu bezweifeln. Die Figuren 23 und 24 sind photographische Aufnahmen eines im Prager anatomischen Museum befindlichen „bosnischen Riesenschädels". Das Röntgenbild (Fig. 25) zeigt bei mächtiger Dicke der Schädelknochen eine starke Ausweitung der Sella turcica.

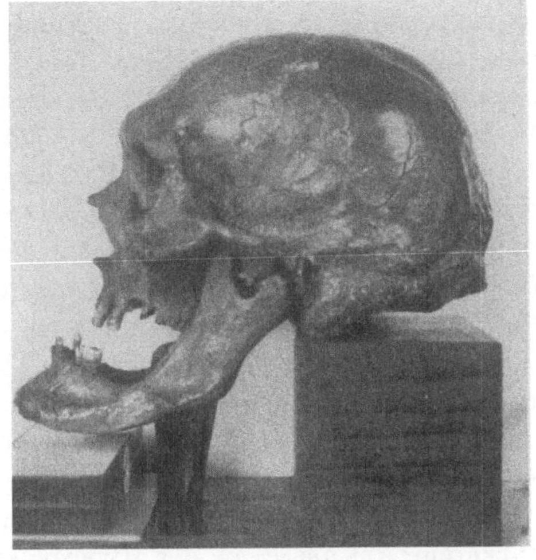

Fig. 24.

Die Beziehungen der Gigantosomie zur Akromegalie sind allerdings noch nicht vollkommen geklärt. Die bestechende Auffassung von Brissaud, dass der Riesenwuchs die Akromegalie der Wachstumsperiode, wie umgekehrt die Akromegalie der Riesenwuchs nach beendetem Wachstum sei, kann eigentlich nicht mehr restlos akzeptiert werden.

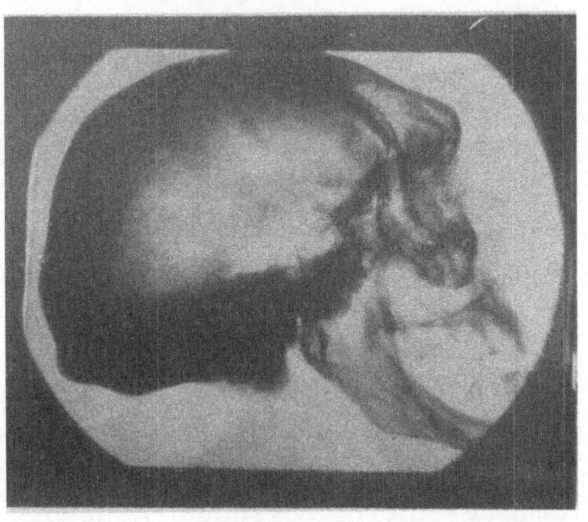

Fig. 25.

Es ist zwar zumeist zutreffend, dass das zum Riesen führende verstärkte Wachstum in der präpuberalen Zeit beginnt und sehr lange anhält, weil eben die den Abschluss des Längenwachstums bedingende Reife der Keimdrüsen spät eintritt (daher findet man bei Riesen noch im dritten Lebensdezennium offene Fugen und vielfach genitale Hypoplasie) und weiters, dass nach endlichem Abschluss des Wachstums zumeist deutliche Erscheinungen der Akromegalie wahrnehmbar sind und viele Riesen ebenso wie die Akromegalen unter dem Bilde der zunehmenden Entkräftung und der hypophysären Kachexie zugrunde gehen. Doch Fälle, wie etwa der portugiesische Riese José Lopez, bei dem die Akromegalie schon im frühesten Kindesalter manifest war, der Fall von Salle (Akromegalie bei einem $2^1/_2$jährigen Kind) und noch eine Reihe anderer Fälle von sog. Frühakromegalie, in denen die Wachstumsänderung ins Akromegale vor oder gerade zur Zeit der Pubertät eintrat, obwohl angesichts der offenen Fugen die Bedingungen für einen gigantischen Längenwuchs gegeben waren, alle diese Fälle fügen sich nicht gut in das Schema der Franzosen. Sie legen vielmehr den Gedanken nahe, dass, wenn auch Riesenwuchs und Akromegalie eine Übertätigkeit der Prähypophyse zur gemeinsamen Grundlage haben, diese doch verschiedene Anteile des Gewebes betreffen kann.

Auf die Art der Vorderlappenzellen, welche allein oder in stärkerem Ausmasse an der Hyperplasie und Adenombildung partizipieren, muss künftighin besonders Bedacht genommen werden, um vielleicht auf diese Weise die Rolle der einzelnen Zellarten bei den einzelnen Komponenten des Wachstums näher präzisieren zu können. Den gleichen Gedankengang finde ich in einer soeben erschienenen Mitteilung von Petényi.

Beiläufig sei hier auf zwei den Zusammenhang zwischen Hypophyse und Knochenwuchs betreffende Daten hingewiesen. Keith bringt die Ausbildung gewisser Rassenmerkmale mit dem Entwicklungsgrade der Hypophyse in Zusammenhang. A. Schüller und nach ihm Christian haben eigenartige Wachstumsstörungen an den Schädelknochen bei Hypophysenaffektionen beschrieben.

Bei der **Akromegalie**, dem partiellen Riesenwuchs gipfelnder Teile betrifft das gesteigerte Wachstum nicht etwa ausschliesslich die Knochen in der Dicke und zuweilen auch in der Länge, sondern es beteiligen sich auch und oft sogar in stärkerem Ausmasse die bedeckenden Weichteile, sowie speziell Nase, Ohren, Lippen, Zunge durch eine Massenzunahme, durch erhöhten Turgor, durch eine Hypertrophie des Gewebes und durch Bindegewebswucherung. In vielen Fällen gesellt sich auch eine Splanchnomegalie hinzu, mit der die wohl häufige, aber keineswegs konstante Atrophie des Genitalapparates auffällig kontrastiert. Zu den charakteristischen Merkmalen der Akromegalie gehören: Hirndrucksymptome und Augensymptome, die nur zuweilen bei extrasellaren, von den akzessorischen Vorderlappenanteilen ausgehenden Tumoren fehlen können.

Die diagnostisch und prognostisch überaus wichtige Röntgenologie der Hypophysentumoren verdiente wohl eine gesonderte ausführliche Erörterung.

Aus einem Referate, das mir Prof. Artur Schüller in Wien, ein ausgezeichneter Kenner des Gebietes, auf meine Bitte freundlich zur Verfügung gestellt hat, möchte ich nur folgende Sätze hervorheben:

Ein innerhalb der Hypophyse wachsender Tumor erzeugt eine Verdünnung und Ausweitung des Bodens der Sella turcica, wodurch das Dorsum sellae schmächtig, verlängert und retroflektiert wird. Bei weiterer Grössenzunahme verdrängt der Tumor den Boden des Türkensattels immer mehr gegen die Keilbeinhöhle, so dass diese wesentlich eingeengt wird. Das Dorsum sellae wird destruiert, der Processus clinoideus anterior unterminiert, beziehungsweise zerstört.

Die extrasellar gelegenen Tumoren zerstören zunächst bloss die am Eingang der Sella befindlichen Knochenvorsprünge, das Dorsum, während sich der Boden der Sella nicht verändert. Hierdurch kommt eine flache, schüsselförmige Erweiterung des Sellaeinganges zustande. Erst beim weiteren Wachstum pflegen die in Rede stehenden Geschwülste den Boden der Sella auszuhöhlen, so dass ähnliche Destruktionen entstehen wie bei den intrasellaren Tumoren. Alle diese Sellaveränderungen kommen jedoch auch bei intrakraniellen Affektionen zur Beobachtung, welche ihren Ausgangspunkt nicht von der Hypophyse nehmen, so bei Hydrocephalus internus, bei Geschwülsten der Hirnbasis und möglicherweise auch bei einem Aneurysma der Arteria carotis interna. Seltener als diese Prozesse geben luetische Affektionen der Hirnbasis sowie Gummen der Hypophyse die Ursache ab für die Erweiterung der Hypophysengrube. Von Einzelheiten der Struktur des Hypophysentumors sind eigentlich nur Verkalkungen an der Röntgenplatte wahrnehmbar. Die Hypophysentumoren verursachen auch Veränderungen im Bereiche des übrigen Schädels, so zunächst die bekannten akromegalen Veränderungen, wie die Verdickung der Schädelwand und die Vergrösserung der pneumatischen Räume, dann aber auch Hirndruckveränderungen an der Schädelwand, Vertiefung der Impressionen und Erweiterungen der venösen Kanäle. Röntgenologisch kann unter Umständen auch eine Differentialdiagnose der Hypophysentumoren gegenüber anderweitigen intrakraniellen Affektionen gemacht und es können auch gewisse Schlüsse auf die Grösse und Beschaffenheit des Hypophysentumors gezogen werden, also auf jene Momente, welche für die Operabilität und die Wahl des Operationsweges entscheidend in Betracht kommen.

Hier sei auch die für den Internisten doch auch in Frage kommende Chirurgie der Hypophyse auf Grund eines mir vom Kollegen Hermann Schloffer freundlichst zur Verfügung gestellten Referates kurz erwähnt. In Verwendung stehen erstens die transsphenoidalen Methoden in ihren verschiedenen Modifikationen, unter denen die Schloffersche Methode der Nasenaufklappung, dann die endonasale septale Methode von O. Hirsch und eine von Cushing geübte Abänderung der letzteren, die sublabiale Methode am häufigsten benutzt wurden. Mit der Schlofferschen Methode hatte Eiselsberg bei 30 Operationen 6 Todesfälle, Hirsch mit seinen Methoden bei 26 Operationen 3 Todesfälle, 3 Versager, 5 mal vorübergehende und 14 mal sehr bedeutende Besserungen. Cushing hat bei 68 Kranken nach verschiedenen Methoden transsphenoidal operiert mit 7 Todesfällen. Die zweite Gruppe, die intrakraniellen Methoden, die den Weg zur Hypophyse durch die mittlere oder durch die vordere Schädelgrube nehmen, haben bisher nur zu vereinzelten Erfolgen geführt. Diese Verfahren haben den Vorteil, dass ein besserer Überblick des Operationsfeldes gewonnen wird, bringen aber die Gefahr, dass man nolens volens eine totale Exstirpation der Hypophyse macht und bedeuten im ganzen einen viel schwereren und ernsteren Eingriff. Die geringere Übersichtlichkeit der transsphenoidalen Methoden ist für viele Fälle (zystische Geschwülste, zerfliessliche Tumoren) bedeutungslos. Die endonasale Methode hat den Vorzug des kleineren Eingriffs und der Möglichkeit, in lokaler Anästhesie zu arbeiten. Nach Schloffer hat es den Anschein, als ob die Zukunft auf das intrakranielle intradurale Vorgehen verweisen wollte.

Auf die zunehmende Bedeutung der unblutigen Behandlung der Hypophysentumoren durch Radiumbestrahlung nach Freilegung der Hypophyse, wie es Hirsch ausführte, und auf die transzerebrale Röntgenbestrahlung sei noch in Kürze hingewiesen. Hervorzuheben wäre, dass Operationen an der Hypophyse in erster Reihe, man könnte sagen, fast ausschliesslich durch Sehstörungen und durch die Symptome des Hirndrucks indiziert erscheinen und eigentlich auch nur in dieser Richtung, allerdings unter Umständen sehr wertvolle Besserungen erzielen. Ausserordentlich prägnant waren die therapeutischen Erfolge bei der Akromegalie in den von Hochenegg operierten Fällen. Sie bildeten das letzte abschliessende Glied in der Beweiskette der hypersekretorischen Genese der Akromegalie.

Auf die überaus komplizierten Umänderungen, welche sich bei der Akromegalie im Knochenbau, in der Struktur der Weichteile und Eingeweide vollziehen, kann hier nicht näher eingegangen werden. Wir dürfen wohl hoffen, dass ihr genaues Studium uns über die eigenwegige Wachstumsanomalie und damit über die Wachstumsfunktion der Prähypophyse Aufklärung bringen wird.

Hingewiesen sei auf die Hypothese von Lenz, dass die Kühle der Akren ihre Volumszunahme bedingt in der gleichen Weise, wie derselbe Faktor für die elektive stärkere Pigmentierung gipfelnder Teile mancher Kaninchenrassen verantwortlich ist.

Pathologisch-anatomisch ist die Hypophysenvergrösserung bei der Akromegalie als eine diffuse Hyperplasie oder Tumor erkannt und schlüssig bewiesen worden, dass nicht Tumoren irgendwelcher Art, sondern nur solche, die histologisch aus dem Gewebe des Vorderlappens oder dem gleichwertigen akzessorischen Gewebe bestehen, zur Akromegalie führen.

Von vielen Seiten wird heute noch daran festgehalten, dass im Sinne von Benda die Hypersekretion morphologisch nur in der Vermehrung der eosinophilen Zellen erkannt werden könne und dass zur Akromegalie ein eosinophiler Tumor gehöre. Doch liegen hinreichend Fälle vor, in denen chromophobe und basophile Tumoren gefunden wurden. Pende erblickt sogar das beständige pathogenetische Hauptsubstrat in undifferenzierten embryonalen Zellen und spricht von einem Embryonalismus hypophysarius oder Neopituitarismus. Für die Rolle der Hauptzellen sprechen wohl schlagend die akromegaloiden Erscheinungen in der Schwangerschaft, die zuweilen sehr deutlich, häufig aber wenigstens sehr gut angedeutet sind. Die genauere

Betrachtung der Graviden zeigt, dass in erster Reihe die Weichteile betroffen sind, dass die Gesichtszüge sich vergröbern, die Hände und Füsse plumper erscheinen, dass aber ein verstärkter Längenwuchs auch bei jungen Graviden mit offenen Epiphysenfugen zumeist nicht zu konstatieren ist.

Nur vermutungsweise möchte ich die Meinung äussern, dass die Hauptzellen vielleicht für den Weichteilwuchs, die Eosinophilen für das periostale und die Basophilen für das enchondrale Knochenwachstum Sekrete liefern.

Im klinischen Bilde der Akromegalie werden häufig Stoffwechselstörungen erwähnt: Steigerung, allerdings auch Einschränkung des Gesamtumsatzes, beziehungsweise in Fällen, wo man nach Cushing annehmen kann, dass der pathologische Prozess zum Stillstand gekommen ist, normale Gaswechselwerte, ferner subnormale Temperaturen, Polyurie, alimentäre oder spontane Glykosurie und endlich vor allem eine mehr oder weniger ausgesprochene Fettsucht. Wenn man zur Erklärung dieser Erscheinung eine Dysfunktion der Prähypophyse heranzieht, so ist dies das Wort das sich einstellt, wenn die Begriffe fehlen. Doch auch die Annahme, dass etwa eosinophile Vorderlappenadenome den Stoffwechsel beeinflussende Sekrete liefern, hat keinen aufklärenden Wert, denn sie bedeutet, da wir von Stoffwechselsekreten des normalen Vorderlappens nichts wissen, eine larvierte Form der Annahme einer Dysfunktion. Viel ungezwungener ist m. E. die Vorstellung, dass die Stoffwechselstörungen nicht direkt Folgen des Vorderlappentumors, sondern nur Zeichen für eine Beeinflussung anderer Teile des Hypophysenapparates durch den Tumor sind. Von der Glykosurie und Fettsucht kann dies mit grosser Sicherheit behauptet werden und manche Autoren betrachten bereits die Fettsucht bei der Akromegalie als ein Fröhlich-Symptom. Mir ist aufgefallen, dass man in Fällen von Akromegalie, wo in der Krankengeschichte Angaben über Glykosurie und Fettsucht fehlen, in den Sektionsprotokollen früherer Zeit oft keine Tumoren der Hypophyse und in neuerer Zeit Tumoren der Rachendachhypophyse vermerkt findet. Ich betrachte die Störung des Kohlehydratstoffwechsels als ein Symptom der Kombination von Akromegalie mit Fröhlichscher Krankheit. Ich gehe allerdings auch noch einen Schritt weiter. M. E. sind auch jene Fälle, in welchen mit dem Einsetzen der Krankheit Funktionsverlust und zunehmende Atrophie des Genitalapparates beobachtet werden, Kombinationsformen. Sie zeigen auch wie der Fröhlichtyp eine Regression der Sekundärmerkmale. Bei reinen Akromegalen findet man ebenso wie bei manchen Riesen keine Eindämmung der Sexualität, keine atrophischen Hoden und vor allem keinen Verlust der Sexualmerkmale. Das Schütterwerden der Kopfbaare, die Glatze der Akromegalen wird oft in Parallele gestellt mit dem Mangel an Haarwuchs der Eunuchoiden. Ganz zu Unrecht. Die Kastraten haben ein üppiges Haupthaar mit mangelhafter Terminalbehaarung. Der Akromegale bekommt mit dem Haarausfall am Kopfe eine starke Bart- und Stammesbehaarung, wie wir sie bei Individuen sehen, denen man schon in der Laienauffassung mit Recht keine Verminderung der Sexualleistungen zuschreibt. Verstärkte Terminalbehaarung, eine Hypertrichose, abnorme Haarentwicklung bei Frauen, eine auf verstärkte Vitalität der Haare hinweisende Umänderung der Haarfarbe, verstärkte Schweisssekretion, alles dies gehört zum Bilde der reinen Akromegalie und wird um so mehr verwischt, je stärker sich diese mit einer Fettsucht und mit einer Dystrophie des Genitalapparates kombiniert. Die Möglichkeit für eine solche Kombination ist ja durch die mechanischen Verhältnisse an sich schon nahe gelegt. Der wachsende Tumor führt zum Fröhlichschen Syndrom in wachsendem Ausmasse. Denn er hat Folgeerscheinungen im übrigen Hypophysenapparat, die wir als Ursachen der adiposogenitalen Dystrophie kennen lernen werden. Bei dem heutigen Stande unserer Kenntnisse kann auf eine Störung der chemischen Korrelationen zwischen den verschiedenen Hypophysenanteilen als einen Faktor bei dem Zustandekommen der Kombinationsformen nur ganz hypothetisch hingewiesen werden.

3. Der **Zwischenlappen der Hypophyse** ist eine **Stoffwechseldrüse** mit funktioneller Korrelationswirkung, deren Inkret auf die Art des Bedarfes und Verbrauches an Stoffen, auf die einzelnen Komponenten des Stoffwechsels, auf den Gesamtumsatz und die Regulation der Körperwärme, sowie auf die Tätigkeit der einzelnen vegetativen Organe Einfluss nimmt, wobei der Aktionsmodus im einzelnen noch näher zu definieren ist. Die physiologische Rolle der sog. Pars tuberalis kann mangels einschlägiger Erfahrungen

noch nicht näher präzisiert werden. Wenn, wie von mancher Seite angenommen wird, dieser Anteil genetisch mit der Intermedia verwandt ist, könnte man auch an eine funktionelle Zusammengehörigkeit denken.

In unseren bisherigen Erörterungen sind schon viele Beweise dieser These vorweg genommen worden. Einmal bei der Besprechung der Wirkungen der Extrakte und ein zweitesmal bei unseren Bemühungen, die Vorderlappenfunktion möglichst scharf und rein von den Funktionen der übrigen Teile zu sondern. Doch wir müssen auch noch weitere Argumente heranziehen und für deren Besprechung wird es angezeigt sein, wenn wir noch die zwei nächsten Thesen voranstellen.

5. Der **Hinterlappen** ist als nervöser Teil der Hypophyse **kein Inkretorgan;** seine Entfernung wird symptomlos vertragen. Doch ist seine Bedeutung, namentlich aber jene des Hypophysenstiels für den Ablauf des Inkretionsvorganges des Zwischenlappens eine überaus wichtige. Denn Hinterlappen und Hypophysenstiel bilden den Abflussweg des Intermediasekretes hirnwärts in die Gehirnsubstanz und in den Liquor des dritten Hirnventrikels und vermitteln auf diese Weise die Beziehung zum nervösen Zentralorgan.

6. **Im Zwischenhirn,** in der Regio subthalamica ist die Existenz eines Zentralapparates sichergestellt, der den Stoffwechsel und die vegetativen Apparate, die Wärmeregulation und ihre Exekutivorgane: die Wärmebildung und die Wärmeabgabe unter Vermittlung von efferenten vegetativen Nervenbahnen dirigierend und regulierend beeinflusst. Die Nähe dieses **Stoffwechselzentrums,** seine humorale Verbindung mit der Stoffwechseldrüse der Hypophyse verpflichtet uns zur genauen kritischen Untersuchung der Frage, ob die vielfach gleichen Wirkungen des Zwischenlappens nicht etwa auf dem Umwege des Stoffwechselzentrums zustandekommen oder mit andern Worten, ob wir es nicht mit einer **Hormondrüse des nervösen Stoffwechselzentrums** zu tun haben.

Im Tierexperiment sieht man tiefgreifende Umänderungen des Stoffwechsels und als deren Ergebnis eine mächtige Fettsucht, weiters schwere trophische Störungen, vor allem an den Keimdrüsen, wenn bei der Hypophysektomie der Zwischenlappen mitentfernt oder grössere Anteile desselben schwer beschädigt wurden.

Eine vollkommene Durchtrennung des Hypophysenstiels wird von Katzen und Hunden zumeist nicht vertragen. Sie gehen gewöhnlich nach wenigen Tagen zugrunde. Nach Morawski, Handelsmann und Horsley soll bei Affen die Stieldurchtrennung keine weiteren Folgen nach sich ziehen. Doch die Ansicht, dass der letale Ausgang nur durch eine Eröffnung des dritten Hirnventrikels bedingt sei, ist sicher nicht zutreffend. Es gelang mir, Hunde nach Durchtrennung des Hypophysenstiels bis zu 10 Tagen am Leben zu erhalten und Bell berichtet über zwei Hunde, die 80, beziehungsweise 128 Tage nach dieser Operation getötet wurden.

Die Folgen der Stieldurchtrennung sowie mechanischer Insulte und einer experimentellen Kompression bestehen zunächst in einer vorübergehenden Glykosurie, der sich dann, wenn die Tiere überleben, eine starke und andauernde Erhöhung der Assimilationsgrenze mit Tendenz zum Fettansatz und, wie in den Versuchen von Bell, sogar eine ausgeprägte Fettsucht anschliessen. Die Entfernung des Hinterlappens allein zieht wohl keinerlei Störungen im Befinden der Tiere nach sich, aber die charakteristischen Änderungen im Kohlehydratstoffwechsel sind da und um so deutlicher, je stärker die gleichzeitige Läsion des Zwischenlappens war. Ausdrücklich sei betont, dass die geschilderten Folgen der Hypophysenstielläsionen vollkommen unabhängig sind von Läsionen der Hirnbasis.

Es werden solche in den genauen histologischen Befunden von Cushing und seiner Schüler sowie auch von Bell nicht erwähnt. Ich selbst konnte mich noch neuestens bei der genauen Nachprüfung der anatomischen Präparate eines Hundes, bei dem die Stielunterbindung von typischen Folgen gefolgt war, überzeugen, dass an dem Gehirn keinerlei Spuren von Schädigungen, aber auch keinerlei Reste von sekundären entzündlichen Veränderungen vorhanden waren.

Die alleinige Verletzung der Gegend des Tuber cinereum führt tatsächlich zu den Folgen, die den beschriebenen an die Seite zu stellen sind. Bailey und Bremer erwähnen bei zwei Hunden eine adiposogenitale Dystrophie, bei zwei anderen Kachexie mit

Genitalatrophie, während Camus und Roussy auf Grund ihrer Versuche der Meinung sind, dass die Fettsucht nicht notwendigerweise mit Genitalatrophie verknüpft ist und die zerebrale Läsion vor allem zur genitalen Dystrophie führt.

Die Existenz eines vegetativen nervösen Zentralapparates im Zwischenhirn kann auf Grund der heute vorliegenden zahlreichen experimentellen Untersuchungen als feststehend angesehen werden.

Eine nähere Darlegung der Beweise erübrigt sich. Es sei nur an die Versuche von Karplus und Kreidl, die Reizeffekte am okulopupillären Apparat und an den Schweissdrüsen, ihres Schülers R. Lichtenstern, der solche an der Harnblase beschrieb, an die Versuche von Aschner erinnert, in denen durch Einstich Glykosurie und bei elektrischer Reizung Kontraktionen des schwangeren Uterus, des Mastdarmes und der Blase nebst erheblicher Blutdrucksteigerung konstatiert wurden. Die wichtigsten Beweismomente ergaben sich aus den Untersuchungen von Krehl und Isenschmied, Leschke und Citron u. a. über die Lokalisation des wärmeregulatorischen Zentrums im Zwischenhirn. Für eine Beeinflussung des Stoffwechsels in qualitativer Richtung sprechen die Feststellungen von Leschke und Schneider sowie Grafe. Auf die Beeinflussung der Wasser- und Salzdiurese vom Zwischenhirn aus werden wir noch im besonderen zurückkommen.

Angesichts dieser Tatsachen und mit Rücksicht auf die Nachbarschaftsverhältnisse muss wohl sehr genau erwogen werden, wie man die Gleichheit der Folgen eines Ausfalls der Zwischenlappentätigkeit und der Schädigung des Zwischenhirns aufzufassen habe. Mit dem Standpunkte, die Bedeutung des Hypophysenapparates völlig in Abrede zu stellen und alles auf die direkte Schädigung des Stoffwechselzentrums zu beziehen, ist nichts gewonnen. Denn die Tatsache, dass bestimmte Läsionen und vor allem ein weitgehender Ausfall des Zwischenlappens zu dem bekannten Syndrom führt, auch wenn jede Schädigung des Zwischenhirnzentrums ausgeschlossen werden kann, lässt sich einmal nicht aus der Welt schaffen. Die Anschauung, der man in der Frage des Wirkungsmodus des Intermediasekretes lange Zeit gehuldigt hat und die für einzelne Wirkungseffekte, wie z. B. die Diurese noch von sehr vielen Seiten aufrecht erhalten wird, dass dieses Sekret auf den Stoffwechsel und seine

Komponenten, auf die Tätigkeit der vegetativen Apparate direkt ohne Vermittlung von Nervenbahnen und -Zentren einwirkt, ist heute wohl stark erschüttert. Es bedarf erneuter, sorgfältig analysierender Experimente, um die Existenz einer direkten Hormonwirkung nachzuweisen und eventuell die Grösse der Einflusssphäre dieser Komponente abzugrenzen.

Über die Einwirkung der Pars intermedia auf den Stoffwechsel wissen wir schon etwas Näheres, wenn auch nicht Genügendes. Es soll hier nicht auf die keineswegs eindeutigen Versuchsergebnisse über den Einfluss des Pituitrins oder der Hypophysensubstanz auf den Stoffwechsel Bezug genommen werden, noch auch auf die Angaben von J. Bauer, dass das Pituitrin bei Versuchstieren und bei Menschen regelmässig Temperaturabfall erzeugt (Vorderlappenextrakt sollte die Temperatur steigern), während gleichzeitig eine Einwirkung auf den Energieumsatz und den Gesamtstoffwechsel im Sinne einer Steigerung nachweisbar sein sollte. Nach den Versuchen von Jakobj und Römer hätte man annehmen können, dass die Hypophyse eine die Körpertemperatur herabsetzende Substanz liefert, welche auf das Wärmeregulationszentrum im Zwischenhirn wirkt. Doch halten diese Versuche einer näheren Kritik nicht stand. Viel wichtiger sind die Angaben über den Stoffwechsel hypophysektomierter Tiere von Narboute, Wolf und Sachs, Benedict und Homans, Aschner und Porges, die übereinstimmend zeigen, dass der gesamte Stoffwechsel deutlich gesunken ist, und zwar sowohl die Sauerstoffaufnahme als auch die Kohlensäure- und Wasserabgabe; die Körpertemperatur ist demnach deutlich herabgesetzt. Auch der Eiweissstoffwechsel bleibt nicht unbeeinflusst. Nach Aschner ist der Eiweissumsatz herabgesetzt und es besteht auch eine Herabsetzung der Adrenalinglykosurie, während die Phloridzin-Glykosurie keine Änderungen aufweist.

Der Kohlehydratstoffwechsel von Tieren nach Hypophysenoperation ist eingehend von Goetsch, Cushing und Jacobson studiert worden und es zeigte sich eine temporäre Herabsetzung der Assimilationsgrenze, die dann von einer starken Erhöhung gefolgt war. Besonders wichtig ist der Nachweis, dass die Assimilationsgrenze stark, sogar bis zur Norm herabgedrückt werden konnte durch die Einverleibung geringer Mengen von Hinter- oder richtiger Zwischenlappenextrakten.

Die erhöhte Kohlehydrattoleranz und die sekundäre Zuckerstauung im Blute und in den Geweben, die Verminderung der Oxydationsprozesse im Körper können das Entstehen der Fettablagerungen unserem Verständnis näherbringen. Dass auch die den Stoffwechsel beeinflussende Abänderung der Keimdrüseninkretion, wenn auch nicht bei der Entstehung, so doch bei der weiteren Ausbildung der Fettsucht mit in Betracht gezogen werden muss, ist nicht von der Hand zu weisen. Darüber, ob Hypophysenzwischenlappen und Keimdrüsen mit und nebeneinander direkt oder unter Benützung des Umweges des Stoffwechselzentrums wirken, bringen die bisherigen Versuche keine Entscheidung.

Von vornherein erscheint es wahrscheinlicher, dass die Wirkung der Inkretstoffe des Zwischenlappens auf dem Umwege über das Stoffwechsel- und Eingeweidezentrum zustande kommt. Der eigenartige Weg, den diese Stoffe einschlagen, indem sie nicht wie die sonstigen Inkrete direkt in die Blutbahn gelangen, sondern in Gewebsspalten und Lymphräumen weitergeführt werden, wodurch sie die Hirnsubstanz und die sie umspülende Flüssigkeit erreichen, kann wohl nicht zufällig und bedeutungslos sein. Sehen wir anderseits, wie dieses Zwischenhirnzentrum auf geradezu minime Beeinflussung reagiert, so können wir auch dem ständigen Zustrom der eigenartigen Substanz einen Einfluss auf dieses Zentrum nicht absprechen. Ihre Wirkungseffekte sind vielfach die gleichen, wie sie einer abgeänderten Aktion des Zentrums entsprechen. Alles dieses weist darauf hin, dass wir in ihnen Hormone für die Tätigkeit des nervösen Zentrums erblicken dürfen.

Die bereits erwähnten experimentellen Erfahrungen bei Tuber cinereum-Läsionen und die noch zu erörternden Verhältnisse bei Menschen weisen darauf hin, dass, wenn auch das Zwischenhirn ein autonomes, seinen Einfluss durch vegetative Nervenbahnen selbständig ausübendes Zentralorgan enthält und seine Destruktion an sich Folgen für Stoffwechsel und die Trophik der vegetativen Organe nach sich zieht, so doch unter normalen Verhältnissen die Tätigkeit dieses Organs wie übrigens eines jeden andern durch Hormone reguliert wird. Unter den hierbei in Betracht kommenden, sicherlich mannigfachen Reizstoffen nehmen die hypophysären eine hervorragende Stellung ein. Der Wegfall des Intermediasekretes, sei es durch Ausfall grösserer Massen produzierenden Gewebes, sei es durch Verhinderung des Zuflusses, hat dann dieselben Konsequenzen wie eine Funktionsverminderung oder ein Funktionsausfall des Zentrums selbst[1]).

Die Rolle des Vorderlappens bedarf noch einer näheren Aufklärung. Eine isolierte Exstirpation des Zwischenlappens ist technisch undurchführbar. Bei der Hypophysektomie wird stets die Prähypophyse mitentfernt.

Es ist daher weiter gar nicht auffallend, dass Cushing nicht nur nach seinen ersten gelungenen Versuchen der Darstellung des klinischen Syndroms der Fröhlich-Krankheit bei Hunden, sondern auch noch in einer späteren Arbeit von Crowe, Cushing und Homans den Wegfall des Vorderlappens als den Hauptfaktor für jene Manifestationen erklärte. Die nachteiligen Wirkungen dieser Stellungnahme des prominentesten Hypophysenforschers machen sich heute noch vielfach literarisch geltend, zumal Cushing über den substitutiven Wert der Transplantation und vor allem der Zufuhr von Extrakten des Vorderlappens Angaben gemacht hat, welche als Beweise für die ausschlaggebende Bedeutung dieses Hypophysenabschnittes immer wieder zitiert werden. Es wird dabei übersehen, dass Cushing selbst seinen Standpunkt geändert hat, allerdings bedauerlicherweise ohne sich über seine Versuche mit Vorderlappenextrakten nochmals klar zu äussern. Auf Grund der bereits erwähnten Untersuchungen über den Kohlehydratstoffwechsel in den Arbeiten von Goetsch, Cushing und Jacobson bezieht Cushing in seinem grossem Buche die Fettsucht ausdrücklich auf den Sekretausfall des Hypophysenhinterlappens und die Pars intermedia.

Vor mehr als 10 Jahren habe ich betont, dass mit Sicherheit nur die Wachstumshemmung mit dem Fehlen des Vorderlappens in Zusammenhang gebracht werden kann, die Genese der Hypoplasie des Genitales hielt ich nicht für völlig geklärt, doch schienen mir die Beobachtungen, dass auch diese Anomalien durch Einverleibung von Intermediasekreten gebessert werden können, für eine kausale Bedeutung der Einschränkung der Sekretabgabe des Mittellappens zu sprechen. Heute kann man diese Dinge klarer überblicken, wenn man einmal die unter dem Sammelnamen der Atrophie und Dystrophie zusammen-

[1]) Von diesem Gesichtspunkte ist auch die interessante Beziehung zwischen Hypophyse und Raynaudscher Krankheit zu beurteilen, auf welche B. O. Pribram anlässlich eines Falles der letzteren hingewiesen hat.

gefassten Veränderungen der Keimdrüsen näher ins Auge fasst. Das Fehlen des Vorderlappens hat eine Wachstums- und Entwicklungshemmung zur Folge. Es gehört naturgemäss zu dem Bilde einer solchen Einschränkung der Evolution, dass die Keimdrüsen von jener Phase ihrer Ausbildung, die sie beim Einsetzen der Störung erlangt haben, nur eine geringe Weiterdifferenzierung und Fortentwicklung erfahren und stets einen Zustand der Unterentwicklung aufweisen, der dem somatischen und psychischen Zustande der Ateleiosis parallel ist. Man findet einen solchen genitalen Infantilismus, aber keineswegs eine Dystrophie des Geschlechtsapparates in reinen Fällen hypophysären Zwergwuchses und hypophysärer Ateleiosis und wenn es gelingt, das Wachstum anzuregen, dann geht auch damit parallel eine zunehmende Reifung der Keimdrüsen einher. Dass die Keimdrüse ebenso wie der ganze Körper bei der Ateleiosis alt wird, ohne reif geworden zu sein, erklärt dann das Vorkommen der Atrophie des Genitalapparates, die man aber nur als senile bewerten darf. Bei älteren ausgewachsenen Tieren kann die reine Vorderlappenexstirpation eigentlich keine Folgen nach sich ziehen. Houssay berichtet über prähypophysektomierte Tiere mit gutentwickelten Keimdrüsen und normaler Brunst. Da aber bei den gegebenen anatomischen Verhältnissen dieser Versuch kaum ausgeführt werden kann, ohne dass man gleichzeitig den Zwischenlappen mehr oder weniger lädiert, sind die vielfachen Berichte über Fettsucht und schwere Veränderungen am Genitalapparat bei erwachsenen Tieren durchaus verständlich.

Der Grad des Betroffenseins des erwachsenen Genitales ist in verschiedenen Fällen allerdings ein verschiedener. Selbst Aschner erwähnt, dass man bei männlichen hypophysenlosen Tieren pathologische Veränderungen an den Epithelien der Samenkanälchen und bei stärkeren Graden sogar ein vollständiges Aufhören der Spermatogenese antrifft, Alterationen, die allerdings bei Prozessen, die das Gehirn selbst betreffen, rascher und stärker ausgebildet sein sollen. Bei weiblichen Tieren findet er wohl nur leichte Degenerationserscheinungen an den Follikeln, Abnahme des Fettes in den interstitiellen Zellen, am Uterus keine wesentlichen Veränderungen, doch eine deutliche Abschwächung der Brunst, Ausbleiben oder Unterbrechung der Gravidität. In meinen Versuchen konnten hochgradige degenerative, zur Atrophie führende Veränderungen an den Ovarien konstatiert werden. Houssay erwähnt die Atrophie des germinativen Anteiles des Hodens, der Prostata, der Samenblase und des Penis, Bell die Atrophie des Uterus und der Ovarien.

Dass man das Fröhlichsche Syndrom bei jungen Tieren viel augenfälliger zu Gesicht bekommt, hängt damit zusammen, dass hier die gleichzeitige Entfernung des Vorderlappens eine Entwicklungshemmung erzeugt, so dass am Genitalapparat zu der Retardation der Differenzierung noch schwere trophische Störungen hinzutreten.

In den Versuchen von Aschner sowie von Ascoli und Legnami, die doch beide in erster Reihe die Hemmung der Geschlechtsreife bei beiden Geschlechtern betonen, sind genügend Veränderungen erwähnt, die man als degenerative bezeichnen muss[1]).

Man kann wohl heute schon aus den Tierversuchen den Schluss ziehen, dass das Fehlen des Vorderlappens nur aplastische, die Schädigung des Zwischenlappens aber degenerative Veränderungen an den Keimdrüsen bewirkt und dass bei der gewöhnlichen Hypophysektomie, die ja in einer Kombination von Vorder- und Zwischenlappenschädigung besteht, bei älteren Tieren nur schwere degenerative, bei wachsenden Tieren aber eine Kombination von hypoplastischen und degenerativen Alterationen eintreten müssen.

Mit der genitalen Dystrophie in ihren Beziehungen zu Störungen der Hypophysenfunktion beschäftigt sich Berblinger in einer ausführlichen Arbeit. Die Klarstellung der einschlägigen Verhältnisse, zumal beim Menschen, ist überaus erschwert schon durch den Umstand, dass die Beziehungen zwischen Hirnanhang und Keimdrüsen wechselseitige sind. Es kann beispielsweise eine Hodenatrophie beim erwachsenen Menschen eine Folge einer primären Keimdrüsenhypoplasie sein, der die Veränderungen im

[1]) Die Versuchsergebnisse von L. Fraenkel und Geller, in denen nach Bestrahlungen der Hypophyse von jungen weiblichen Kaninchen ein Zurückbleiben des ganzen Wuchses und eine auffallende Entwicklungshemmung (Infantilismus) am ganzen Genitale zu konstatieren war, sind wohl auf die nachgewiesenen Veränderungen im Vorderlappen zu beziehen. Die soeben veröffentlichten Versuche von Poos (bei Aschoff) zeigen zwar, dass der Infantilismus nach Röntgenbestrahlung nicht hormonal bedingt ist, sie sprechen aber dafür, dass der Genitalinfantilismus als Teilerscheinung einer allgemeinen Entwicklungshemmung aufzufassen ist.

Hypophysenvorderlappen sekundär folgen oder es kann die Unterentwicklung des Hodens mit einer Unterentwicklung des Vorderlappens kombiniert sein oder endlich es führt der primär getroffene Vorderlappen sekundär zu einem Entwicklungsstillstand und konsekutiver Atrophie des Hodens. Berblinger selbst kommt zu dem Resultat, dass es beim Menschen eine Hodenatrophie gibt, welche als Folge einer Unterfunktion des Vorderlappens zu betrachten ist. Die Degeneration des samenbildenden Epithels, Hyalinisierung mit Verdickung der Kanälchenwand und fehlenden Regenerationsumsatz der interstitiellen Zellen, kurz, die genitale Dystrophie bezieht er auch auf Schädigungen des Vorderlappens. Als Ursache der genitalen Atrophie bei Hypophysentumoren mit Akromegalie wird die Verlegung der Sekretbahnen im Hinterlappen und Stiel oder eine partielle Hypofunktion des Vorderlappens angesprochen. Es sollen Andeutungen dafür vorliegen, dass zwischen den Basophilen und den Keimdrüsen besondere chemische Beziehungen bestehen.

Nach meinem Dafürhalten ergibt sich aus den Beobachtungen Berblingers am Menschen eine weitgehende Analogie mit den Befunden an Tieren. Eine Hypofunktion des Vorderlappens hat eine auf Entwicklungshemmung beruhende Hodenatrophie zur Folge. Die genitale Dystrophie ist eine Konsequenz des Mangels an Intermediasekret und bei der häufigsten Form der Hypophysenerkrankungen infolge von Tumoren oder Hirndruck kommt es an den in ihrer Entwicklung geschädigten Keimdrüsen zu degenerativen Erscheinungen. Die genitale Atrophie bei Akromegalie ist eine Folge der Verlegung von Sekretbahnen im Hinterlappen und Stiel, die aber nicht zur Abfuhr des Blutsekretes des Vorderlappens, sondern des Intermediainkretes dienen.

Betrachten wir nunmehr die **Dystrophia adiposogenitalis** beim Menschen in ihrer Bedeutung zur Aufklärung der Funktion der einzelnen Hypophysenabschnitte. Es liegt heute bereits eine ganze Reihe von Theorien über die Pathogenese dieser Krankheit vor. Einzelne von ihnen kann man von vornherein beiseite stellen, so die Ansicht, dass die Unterentwicklung der Keimdrüse die primäre Erscheinung und die Fettsucht nur eine sekundäre Folge wäre. Die Annahme einer polyglandulären Affektion (Strada) sagt zuviel, jene eines Hypopituitarismus zu wenig.

Die Theorie von B. Fischer, dass die Schädigung des Hinterlappens zur Fettsucht führe, dass also eine neurohypophysäre Insuffizienz (Pende) vorliege, wird von Fischer selbst heute wohl nur in dem Sinne aufgefasst, dass damit eine Störung der Sekretbahn gemeint ist. Der weitestgehenden Zustimmung erfreut sich die Auffassung, welche die Erkrankung als Folge einer Einschränkung der Sekretabgabe des Zwischenlappens betrachtet; eine solche kann durch direkte destruktive Prozesse, durch Kompression des Hypophysenstiels und bei intrakraniellen Drucksteigerungen durch eine Verhinderung des Sekretabflusses infolge von Liquorstauung hervorgerufen sein. Dabei muss aber die von Erdheim geäusserte Anschauung, dass die Ursache des Leidens in einer Läsion des trophischen Zentrums im Zwischenhirn, bewirkt durch einen Tumordruck auf diese Gegend, gelegen sein könne, heute wieder näher diskutiert werden.

Die pathologisch-anatomischen Befunde bei der Dystrophie entbehren, wie Ludwig Pick hervorgehoben hat, jeder Einheitlichkeit in Qualität, Ursprung und Verbreitung. Auch die neueste Zusammenstellung von K. Gottlieb, die allerdings einen grossen Teil der neueren ausländischen Literatur nicht berücksichtigt, kann bei ihrem statistischen Charakter, wie das Gottlieb selbst hervorhebt, für jede Theorie und ebenso gegen eine jede Beispiele beibringen.

Im ganzen aber führt sie Gottlieb zu dem Schlusse, dass Entwicklungshemmungen der Hypophyse oder ihrer einzelnen Teile, Tumoren aller Drüsenteile ebenso wie der Druck von gegen die Hypophyse anwachsenden Geschwülsten oder von einem gegen sie andrängenden Hydrocephalus Störungen in der Sekretbildung oder Sekretabgabe nach sich ziehen, als deren Folge die Dystrophie anzusehen ist. Gottlieb meint aber immer das Sekret des Vorderlappens, und zwar hauptsächlich deswegen, weil er Fälle findet, in welchen nur der Vorderlappen geschädigt war, allerdings ist dabei von dem Verhalten des Zwischenlappengewebes keine Erwähnung getan. Es ist leicht ersichtlich, dass bei dieser Annahme das gleichzeitige Vorkommen des adiposogenitalen Syndroms und der unbestritten hyperpituitären Akromegalie nicht erklärt werden kann. Dieses Problem wird durch den geduldigen Dyspituitarismus gelöst. M. E. wird uns eine Lösung des Problems durch noch so reichliche Statistiken nicht gebracht, sondern nur durch die genaue

Beschreibung der histologischen Befunde unter steter Beachtung des Verhaltens des Zwischenlappengewebes. Für uns ist die Kombination von Akromegalie mit Fröhlich-Typus leicht verständlich nicht nur, weil Vorderlappen und Zwischenlappen verschiedene Sekrete

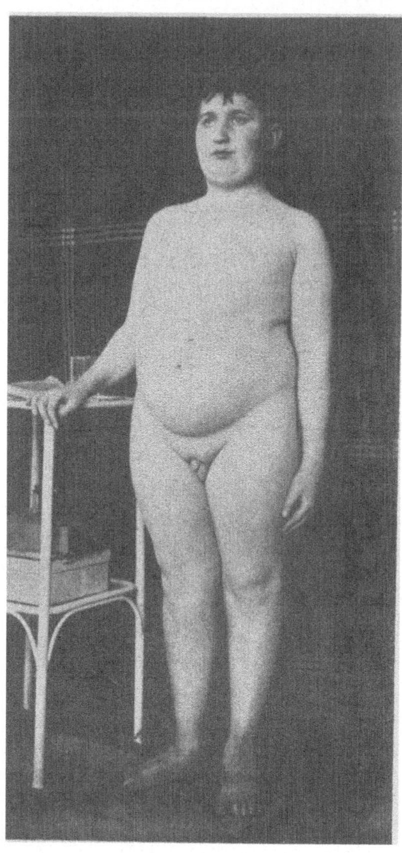

Fig. 26.
H. R. 14 jährig. Typisches Bild der Dystrophia adiposo-genitalis mit Retinitis pigmentosa.

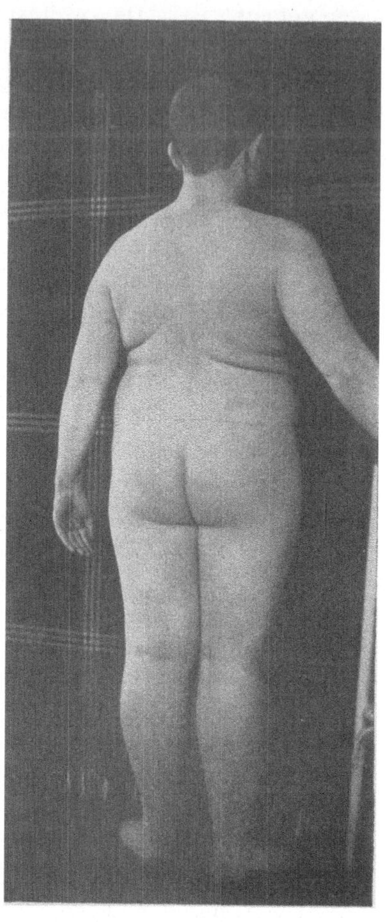

Fig. 27.
Rückenansicht von Fig. 26.

liefern, sondern weil wir entgegen der recht ärmlich gestützten Ansicht von Edinger, dass das gesamte Hypophysensekret hirnwärts wandert, schon bei der Darstellung der Histologie die Ansicht vertraten, dass beide Sekretarten verschiedene Wege einschlagen, das Vorderlappensekret seinen Weg direkt in die Blutbahn nimmt, die Sekrete des Zwischenlappens hirnwärts strömen. Die Akromegalie erlangt adiposogenitale Züge, wenn der ihr zugrunde liegende Tumor des Vorderlappens die Funktion des Zwischenlappens einschränkt. Auch bei einer Behinderung des Sekretabflusses durch den Hypophysenstiel könnte noch eine Akromegalie zustande kommen, da ja das Wachstumssekret direkt in die Blutbahn gelangt.

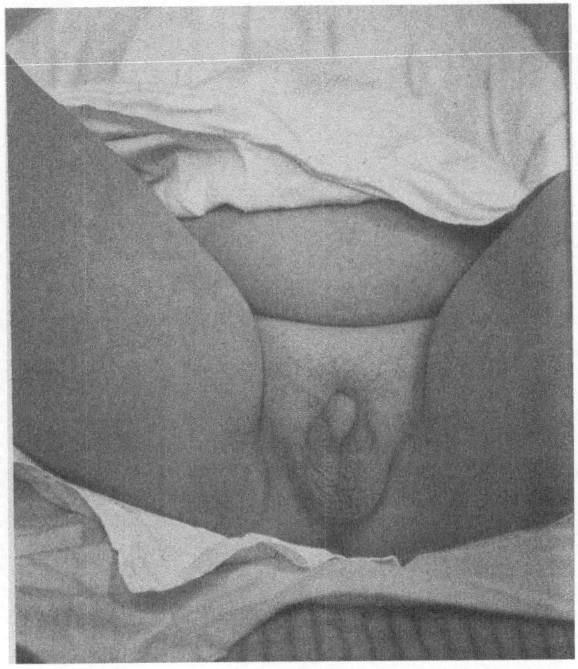

Fig. 28.
Unterbauch und Genitalregion von Fig. 26.

In einer anderen Richtung kann allerdings der Auffassung von Gottlieb zugestimmt werden und das ist, dass die Dystrophie auf dem Umwege einer Beeinflussung des Gehirnzentrums zustande kommen dürfte, wobei aber nicht ein falsches Sekret mitspielt, sondern ein Zuwenig an Intermediainkret entscheidend ist.

Gegen die Erdheimsche Ansicht wird das Vorkommen von Fällen mit ausschliesslichem Betroffensein der Hypophyse angeführt und demnach der primäre hypophysäre Ursprung der Krankheit hervorgehoben. Solche Fälle sind aber nur in dem Sinne beweisend, dass gelegentlich der Wegfall des Intermediasekretes allein eine schwere Funktionsbeeinträchtigung des Stoffwechselzentrums bedingen kann. Die früher erwähnten Versuche, wenn sie auch vorläufig noch spärlich an der Zahl sind,

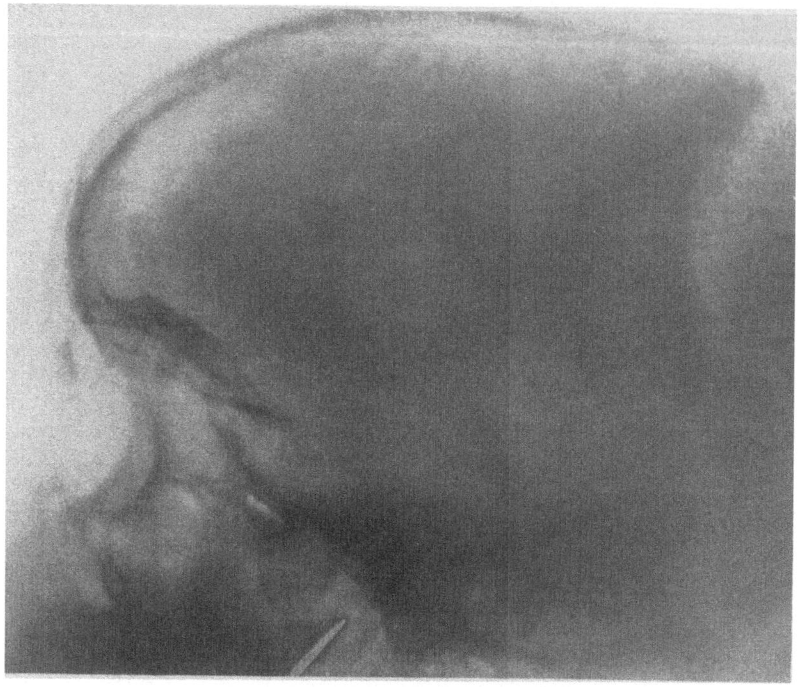

Fig. 29.
Röntgenbild des Schädels von Fig. 26 mit normaler Sella turcica.

weisen schon darauf hin, dass auch die Adipositas genitalis eine rein zerebrale Genese haben kann. Durch klinische Beobachtungen der letzten Zeit, die sich in der bekannten Multiplizität darboten, kann ich ein schwerwiegendes Argument für die Adipositas cerebralis im Sinne Erdheims beibringen.

Im vergangenen Jahre sah ich einen 14jährigen Knaben mit hochgradiger Fettsucht von dem typischen Bilde des präadoleszenten Typus nach Cushing mit einer hochgradigen genitalen

Dystrophie und Hemmung der geistigen Entwicklung, bei dem nebst einer Schädeldeformität ein normales Hypophysenröntgenogramm, Fehlen aller Hirndrucksymptome, daneben aber eine Retinitis pigmentosa konstatiert werden konnte (Fig. 26—29). Nach dem Urteil von Kollegen Elschnig handelte es sich um eine angeborene Anomalie, bei der eine kongenital bedingte luetische Retinitis nicht ausgeschlossen werden konnte. Wassermann war negativ.

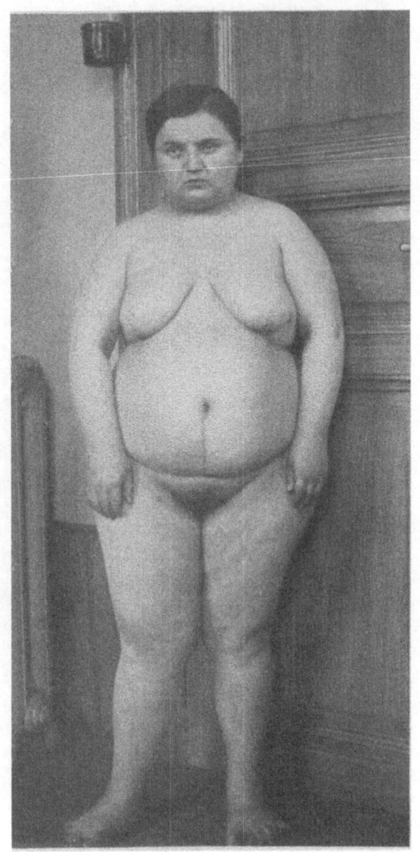

Fig. 30.
A. S. 22jährig mit hochgradiger Adipositát.

Bald darauf kam ein 22jähriges Mädchen des gleichen Typus (hier war eine Schambehaarung von männlichem Typus vorhanden, Menstruation bestand niemals, der Genitalbefund entsprach einer hochgradigen infantilistischen Entwicklungshemmung), bei dem neben einer Cataracta corticalis posterior eine Retinitis pigmentosa sine pigmento, geistige Torpidität, negativer Hypophysenbefund und eine sechste Zehe des einen Fusses vorhanden war (Fig. 30—34). Die Anamnese ergab, dass ausser sechs, im frühen Kindesalter verstorbenen Geschwistern noch zwei Brüder leben, von denen der eine 16 Jahre alt, das gleiche Aussehen zeige und ebenso schlecht sehe wie die Schwester, während der jüngste 14jährige Bruder schlank und normal gebaut sei und keine Sehstörungen aufweise (Fig. 35). Die Untersuchung des kranken Bruders (Fig. 36—42) ergab nun tatsächlich eine weitgehende Gleichheit im Exterieur, gleichfalls eine Retinitis pigmentosa mit Pigment und Hemeralopie, Polydaktylie höheren Grades beide Hände und Füsse betreffend (der überschüssige sechste Finger an beiden Händen wurde in frühester Kindheit wegoperiert). Nach der Angabe der Mutter bestand eine Atresia ani, die operativ beseitigt wurde und derzeit

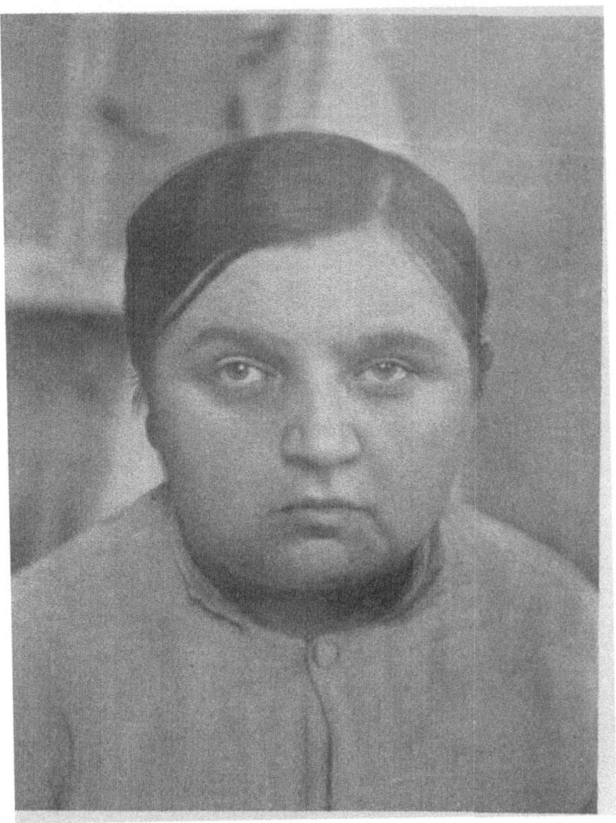

Fig. 31.
Gesicht der A. S. mit teilnahmslosem Blick und stumpfem Gesichtsausdruck.

findet sich ein äusseres Genitale von fast embryonalem Charakter. Aus der okulistischen Literatur ergab sich, dass bereits von Bardet ein Syndrom: Infantile Fettsucht mit Polydaktylie und Retinitis pigmentosa beschrieben und eine intrauterine Läsion der Hypophyse angenommen wurde. Ihm gegenüber bemerkt Chaillons, dass seines Erachtens kein Beweis dafür besteht, dass im beschriebenen

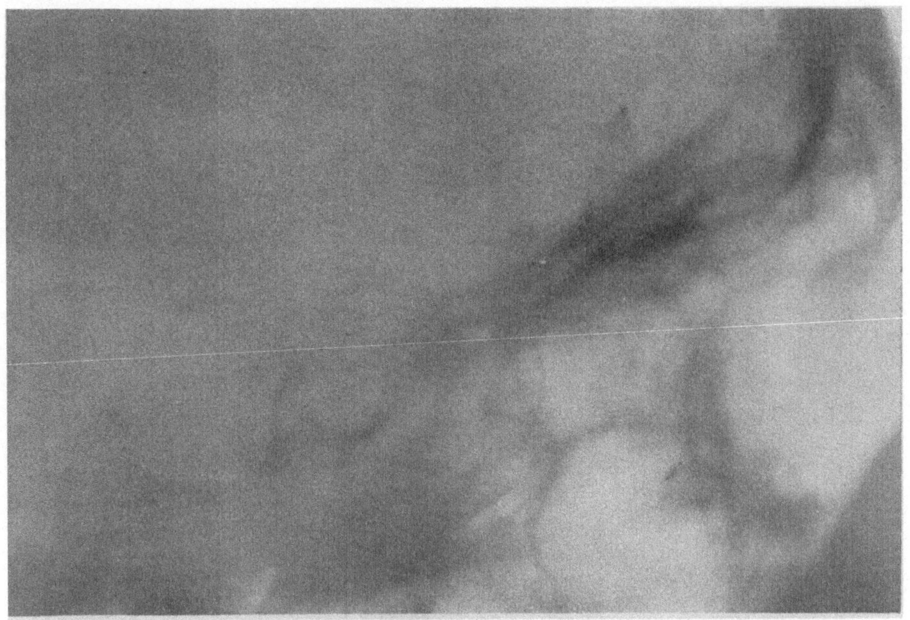

Fig. 32.
Röntgenaufnahme des Schädels der A. S. mit normaler Sella turcica.

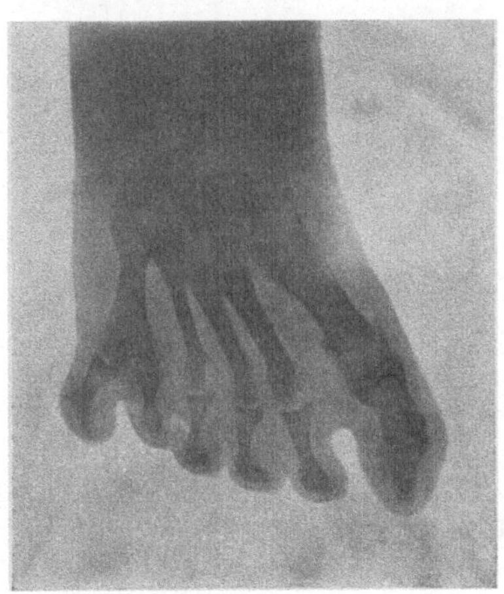

Fig. 33.
Röntgenogramm des linken Fusses der A. S.

Fig. 34.
A. S. im Alter von 5 Jahren, hochgradig fettleibig.

Falle die Retinitis pigmentosa angeboren sei und hält es für wahrscheinlicher, dass die gleiche Noxe die Erkrankung der Hypophyse einerseits und die chorioretinale Veränderung andererseits hervorgerufen habe. Nach der Ansicht des Kollegen Elschnig ist in

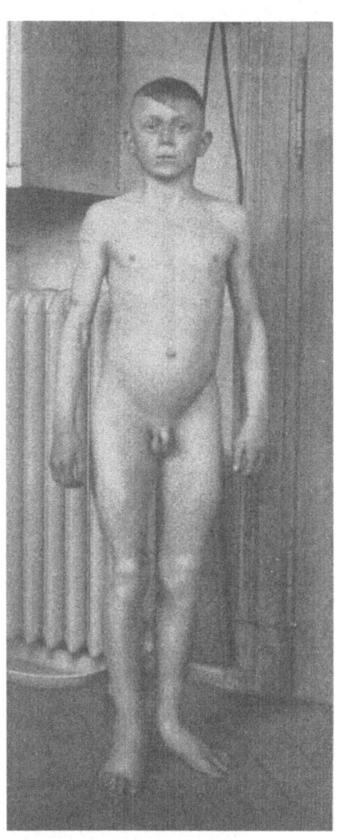

Fig. 35.
Gesunder 14jähriger Bruder der A. S.

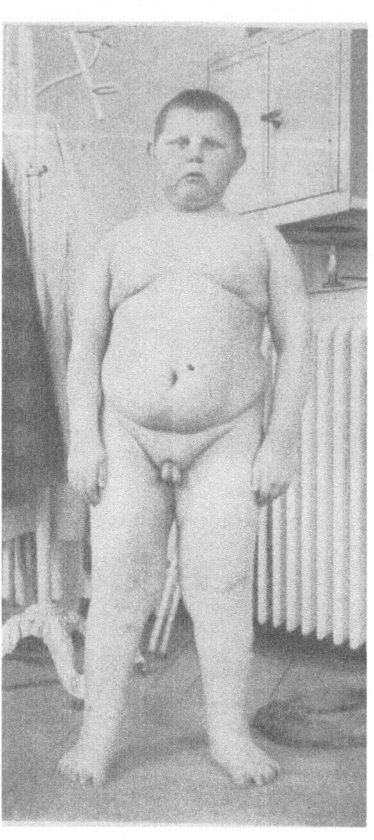

Fig. 36.
E. S. 16jährig. Hochgradige Fettsucht mit geistigem Torpor.

unserem Falle die Retinitis pigmentosa sicher angeboren. Es sind ja überdies noch andere Missbildungen vorhanden. Am wichtigsten ist die Hemmung der zerebralen Entwicklung, die in allen drei Fällen die gleiche ist, der Hauptsache nach in einer eigenartigen Torpidität besteht, sich aber von einer Idiotie wesentlich und charakteristisch unterscheidet. An der Entstehung der Fettsucht ist die Hypophyse sicher unbeteiligt. Es kann sich weder um eine Entwicklungshemmung noch um eine Einschränkung ihrer Tätigkeit durch einen Tumor oder durch Hirndruck handeln. Mit Untersuchung des Gaswechsels sind wir noch beschäftigt.

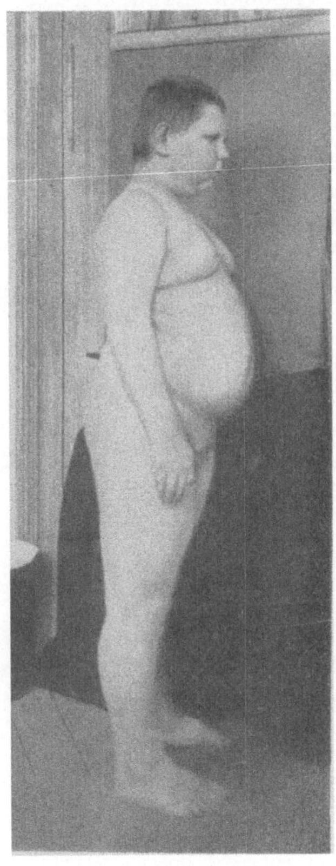

Fig. 37.
Seitenansicht des E. S.

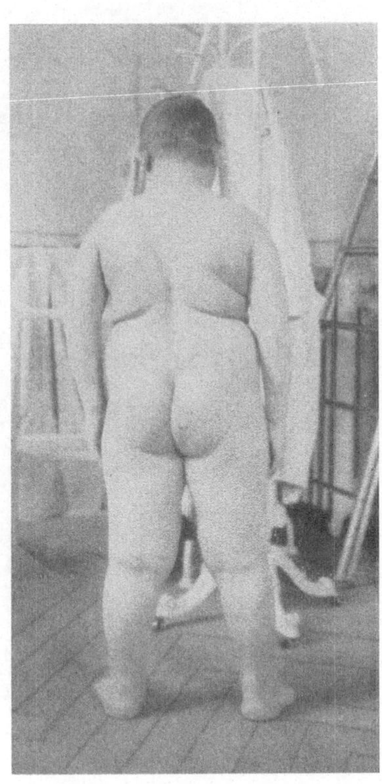

Fig. 38.
Rückansicht des E. S.

Bisher konnte bei den Geschwistern ein verminderter Grundumsatz festgestellt werden. Auffallend sind die im Verlaufe der Beobachtung eingetretenen schmerzhaften Durchfälle, die jeder medikamentösen Beeinflussung Widerstand leisten.

Das von uns in drei Fällen (einmal bei zwei Mitgliedern einer Familie) beobachtete und schon von Bardet erfasste neue Syndrom: Angeborene Missbildungen (Atresia ani, Polydaktylie, Retinitis pigmentosa) und Schädeldeformitäten mit geistiger Entwicklungshemmung, hochgradiger Fettsucht mit genitaler Hypoplasie und eigenartigen Verdauungsstörungen bei Fehlen von Hypophysenveränderungen und von Zeichen eines Hirntumors oder pathologischen Hirndrucks, ein

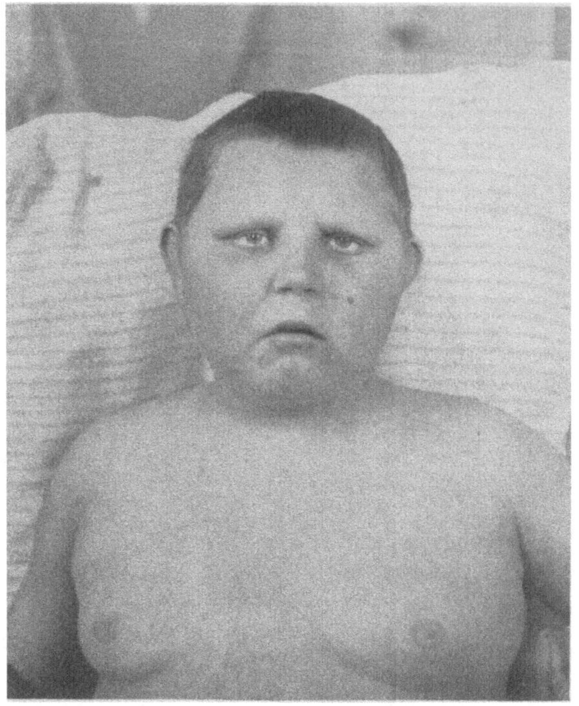

Fig. 39.
Gesicht des E. S.

Krankheitsbild, das der adiposogenitalen Dystrophie äusserst ähnlich ist, kann wohl zunächst schon bei der klinischen Betrachtung so aufgefasst werden, dass die Fettsucht und die genitale Dystrophie hier durch eine primäre Entwicklungshemmung des Zwischenhirns hervorgerufen wurde.

Nebenbei sei eines Falles von genitaler Dystrophie mit leichter Adipositàt bei einem 43jährigen Mann Erwähnung getan, bei dem keine Hypophysenveränderungen, wohl aber eine Retinitis pigmentosa zu konstatieren ist, die nach der anamnestischen Angabe der Hemeralopie vor 18 Jahren sich zu entwickeln begann, während die sonstigen Symptome erst vor drei Jahren einsetzten.

Wir kennen nunmehr zwei pathogenetische Extreme der Fröhlichschen Krankheit: die rein hypophysäre und die

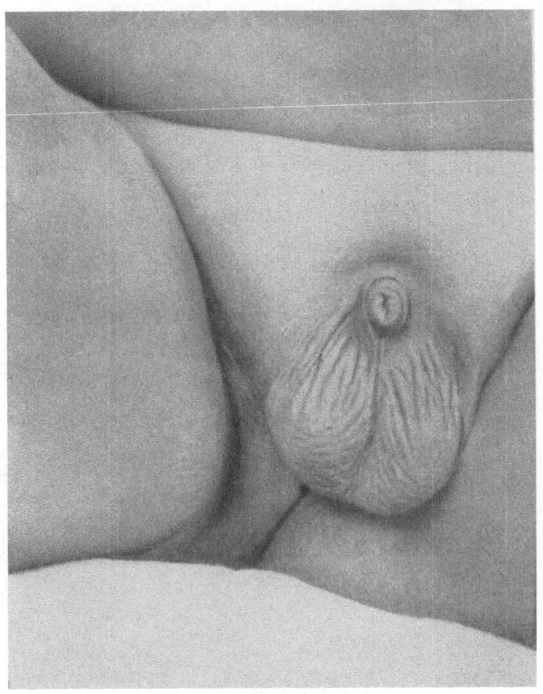

Fig. 40.
Genitalregion des E. S.

rein zerebrale Form. Für die grosse Mehrzahl der Fälle dürfte die Annahme zutreffen, dass das pathogenetische Moment, sei es nun ein Tumor der Hypophyse oder ihrer Nachbarschaft, sei es ein pathologischer Hirndruck, die Hypophyse einerseits und das Zwischenhirn anderseits gleichzeitig schädigt. Selbst der genaue Sektionsbefund wird uns kaum in die Lage versetzen, die Anteile dieser beiden Faktoren an der Pathogenese des Symptomenkomplexes quantitativ zu bewerten. Vom Standpunkt der

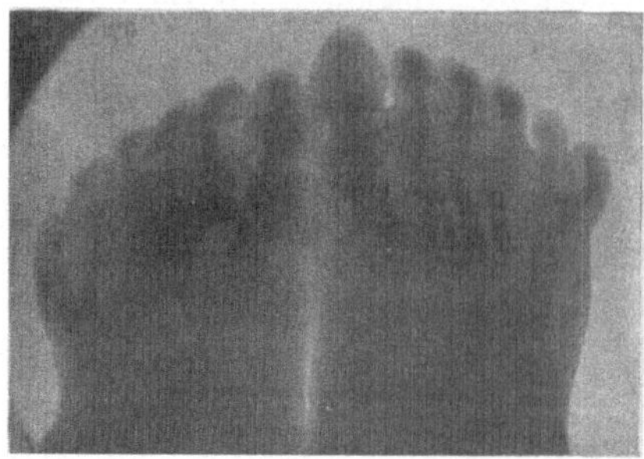

Fig. 41.
Röntgenogramm der beiden Füsse mit Polydaktylie.

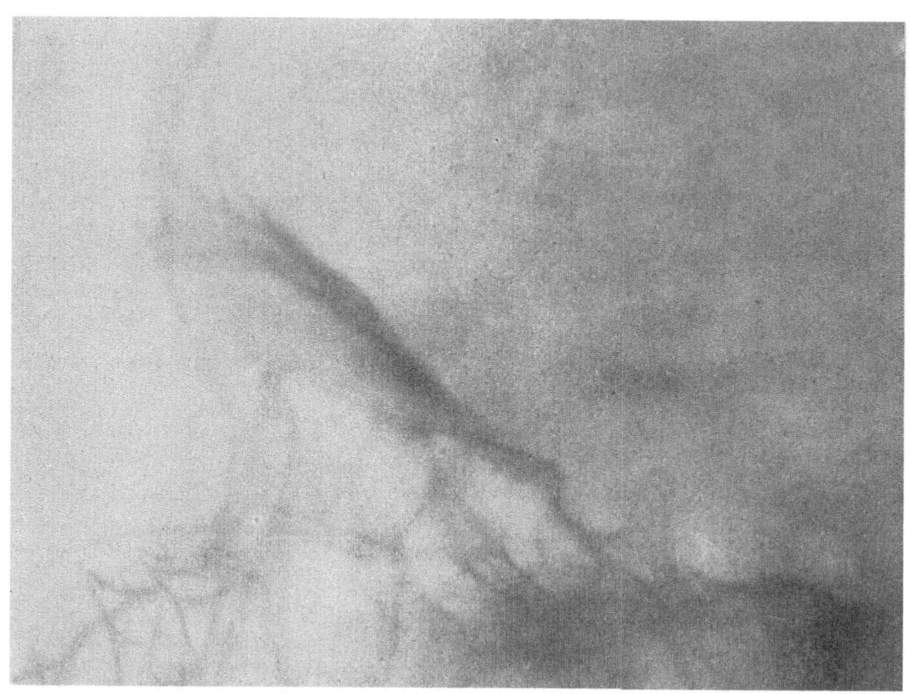

Fig. 42.
Röntgenogramm des Schädels von E. S. mit normaler Sattelgrube.

pathologischen Physiologie ist eine solche Abschätzung ziemlich belanglos, kommt ja doch die gleiche Funktionsstörung zustande, wenn der Reizstoff des Intermediasekretes seine Wirkung auf das Zwischenhirnzentrum nicht entfaltet oder wenn dieses Zentrum selbst in seiner Betätigung gestört ist.

Ein in der letzten Zeit vielfach als hypophysär betrachtetes Krankheitsbild, der **Diabetes insipidus,** bedarf noch einer kurzen Besprechung.

Seitdem E. Frank ausgehend von den Reizversuchen E. A. Schäfers, wo eine mechanische oder thermische Reizung der freigelegten Hypophyse eine anhaltende Polyurie hervorrief, als Erster die Meinung vertrat, dass der Diabetes insipidus des Menschen auf eine Mehrtätigkeit der Pars intermedia zurückgeführt werden könnte, haben die Erörterungen in den Beziehungen dieser Krankheit zur Hypophyse eigentlich nicht mehr aufgehört. Auf Grund der neuen Untersuchungen über die Wirkungen des Hypophysenextraktes auf die Diurese durch van den Velden und Farini gewann dann die Meinung das Übergewicht, dass ein Fehlen oder eine Verminderung der Funktion des Zwischen- und Hinterlappens die Ursache der Krankheit sei. Diese Auffassung wird noch heute von namhaften Experimentatoren und Klinikern, Marañon, Motzfeldt, Eisner, Römer, Schuhmann und Desoutter, J. R. Williams, Gorke, Kenneway und Mottram u. a. vertreten. Sie ist aber stark erschüttert worden durch die Zusammenstellung der Gegenargumente aus den Experimenten und den anatomischen Befunden beim Menschen, wie sie Leschke gegeben hat.

Die pathogenetische Bedeutung des Zwischenhirns wurde von Leschke besonders betont. Gleichzeitig und unabhängig von ihm hat auch Oehme auf Grund der pharmakologischen Analyse der harntreibenden und harnhemmenden Komponente der Hypophysenextrakte darauf hingewiesen, dass der Diabetes insipidus keine reine Hyper- noch Hypopfunktion der Hypophyse sein kann, sondern dass hierbei eine Zentrumsstörung vorliegen müsse. Die Bedeutung des Zentrums erhellt vor allem aus einer grossen Anzahl von pathologisch-anatomisch verifizierten Fällen, in denen bei Diabetes insipidus eine ausschliessliche Affektion der Zwischenhirnbasis oder ihrer nächsten Umgebung unter Intaktbleiben der Hypophyse vorlag. Einen sehr beweiskräftigen Fall dieser Art veröffentlichte neuestens Lhermitte. Andererseits sind allerdings auch Fälle bekannt, wo eine Erkrankung ausschliesslich die Hypophyse betraf und das Zwischenhirn sicher intakt blieb. Angesichts der letzteren Fälle ist die Möglichkeit nicht von der Hand zu weisen, dass ein Mangel an Intermediasekret für den geänderten Wasserhaushalt direkt in Betracht kommen kann. Die Sachlage ist für den Diabetes insipidus eine analoge, wie wir sie bei der adiposogenitalen Dystrophie kennen gelernt haben. Die ausschlaggebende Bedeutung des Zwischenhirns ist aber hier noch evidenter bewiesen durch die schönen Versuche von Camus und Roussy, die neuestens von Bailey und Bremer in vollem Umfange bestätigt worden sind. Sie zeigen, dass eine oberflächliche Läsion in der Gegend der grauen Substanz des Tuber cinereum eine primäre Polyurie mit allen Charakteren des anhaltenden Diabetes insipidus zur Folge hat. Das Auftreten der Harnflut ist von der Hypophyse völlig unabhängig. Sie wird durch das Fehlen der Hypophyse nicht verhindert, während die Hypophysektomie nur gelegentlich wahrscheinlich durch Schädigung des wasserregulatorischen Nervenzentrums zu einer vorübergehenden Polyurie führt.

Aus dem in seinen Einzelheiten noch keineswegs genügend erforschten menschlichen Diabetes insipidus und aus den bisherigen Ermittlungen über die Rolle des Intermediainkretes für die Wasserbewegung im Körper können wir heute für die Physiologie des Wasserhaushaltes zu der gleichen Schlussfolgerung gelangen, die wir schon beim Stoffwechsel und Wärmehaushalt gezogen haben. Im Hypothalamus liegt das regulatorische Zentralorgan mit autonomer Tätigkeit, die durch den autochtonen Stoffwechsel bestimmt und durch afferente Nervenimpulse und ebenso durch Blutreize modifiziert werden kann. Eine besondere Stellung muss jenem hormonalen Reize zuerkannt werden, der das Zentrum von der Hypophyse aus auf dem kurzen Wege der Lymphbahnen erreicht. Die Einzelheiten in der Art des Eingreifens des Zwischenhirns sowie der Zwischenlappenhormone in die Wasserregulation müssen noch näher erforscht werden.

Um das bisher gegebene Bild der Physiologie der Hypophyse zu ergänzen, müssen wir noch zwei weitere Sätze aufstellen.

6. Die Bedeutung der engen topischen Beziehungen der Wachstums- und Stoffwechseldrüse zueinander bedarf noch einer näheren Aufklärung.

Wir stehen hier analogen Verhältnissen gegenüber, wie wir sie von anderen Inkretorganen her kennen.

Im Schilddrüsenapparat sind differente Anteile eines genetisch zusammengehörigen Systems nicht nur eng aneinander gelagert und weisen nicht nur strukturelle Verwandtschaften und Übergänge auf, sondern haben auch manche Gemeinsamkeiten in der Betätigung. Die einzelnen Anteile sind Wachstums-, Stoffwechsel- und Nervendrüsen in verschiedenem Ausmaße mit gleichsinnigen, ergänzenden und auch einander entgegenarbeitenden Wirkungen. Trotz vieler Einzelkenntnisse wissen wir über die funktionelle Korrelation noch recht wenig. Noch ungünstiger sind wir in dieser Richtung mit der einheitlichen Nebenniere daran, in welcher Anteile des Interrenal- und Adrenalsystems miteinander in engstem geweblichen Zusammenhang stehen. Nur ganz langsam und in kleinen Schritten kommen wir dem Verständnis des funktionelleu Zusammenhanges näher.

Für den Hypophysenapparat liegen bisher kaum einige Andeutungen vor, aus welchen wir auf die physiologische Bedeutung der genetischen, topischen und strukturellen Zusammenhänge schliessen könnten. Im Gebiete der Pathologie spielt das Zusammendrängen der Wachstums- und Stoffwechseldrüse auf einen engen Raum eine sehr bedeutsame Rolle. Denn es bildet die Grundlage der mannigfachsten Kombinationen von hypophysären Krankheitsbildern, denen wir ja im Vorangehenden öfters begegnet sind.

7. Die Stellung des Hypophysenapparates im Inkretsystem wird durch die korrelativen Beziehungen seiner einzelnen Anteile zu den übrigen Inkretorganen bestimmt.

In den Veränderungen des Strukturbildes der Hypophyse bei Variationen der Inkretion haben wir Beweise für die Einwirkung der verschiedenen Blutdrüsen auf die verschiedenen Hypophysenabschnitte kennen gelernt. In den Veränderungen der einzelnen Inkretorgane bei einer Über- oder Unterfunktion des Hypophysenapparates sind die Nachweise für die Wechselseitigkeit dieser Beziehungen gegeben. Nur auf bisher bereits Gesagtes greifen wir zurück, wenn wir daran erinnern, in welchem innigen Konnex der Hypophysenvorderlappen zur Keimdrüse und ihrer

Entwicklung steht und wie anderseits die Keimdrüse diesen Hypophysenanteil beeinflusst. Die sich besonders manifestierende Ingerenz der Stoffwechseldrüse auf die Beschaffenheit der Keimdrüse und auf ihre Hilfsapparate ist dem Gesagten zufolge vielleicht keine direkte, sondern durch das Nervensystem vermittelte. Die Schilddrüse als wichtiges Wachstumsorgan steht gleichfalls zunächst mit dem Vorderlappen in Wechselbeziehung, ihre Verknüpfung mit dem Zwischenlappen, die sich in einer Funktionssteigerung und Hyperplasie des letzteren bei Fehlen der Schilddrüse besonders ausprägt, könnte darauf hinweisen, dass beide Stoffwechseldrüsen synergistisch tätig sind. Einer eingehenderen Prüfung muss wohl heute auch die Korrelation zwischen Hypophyse und Nebenniere unterzogen werden. Auch in der letzteren haben wir ja eine Wachstumsdrüse in der Rinde mit einer sympathischen Nerven- und Stoffwechseldrüse des Markes vereinigt. Es ist sicherlich von besonderem Interesse, dem Verhältnis nachzugehen, in welchem die an differenten Angriffspunkten eingreifenden Substanzen Pituitrin und Adrenalin zueinander stehen. In den Arbeiten Kepinows liegen diesbezügliche Anhaltspunkte vor.

In der Pathologie der Blutdrüsen lassen sich aus dem bisher wenig präzisierten Gebiete der polyglandulären Erkrankungen einzelne klinische Typen isolieren, aus denen die engere Verknüpfung des Hypophysenapparates mit den übrigen Inkretorganen oder mit einzelnen derselben erhellt. Wenn wir die durch eine gemeinsame Noxe hervorgerufenen Erkrankungen des gesamten Inkretsystems, das was Falta als multiple Blutdrüsenklerose, Wiesel als Bindegewebsdiathese mehrerer Blutdrüsen bezeichnet, abtrennen, so bleiben doch Fälle übrig, in welchen Hypophyse und Schilddrüse oder Hypophyse und Nebenniere, nach meinen eigenen Beobachtungen am häufigsten Hypophyse, Nebenniere und Keimdrüse gemeinsam erkranken und daraus Symptomengruppen resultieren, die man von den gewöhnlichen hypophysären Krankheitsbildern bei genügender Aufmerksamkeit doch gut genug abgrenzen kann. Eine genauere Analyse der klinischen Symptome und die leider so schwierig durchführbare Berücksichtigung der zeitlichen Reihenfolge und des weiteren Entwicklungsganges der einzelnen Symptome, sowie weitere und zahlreichere pathologisch-anatomische und histologische Befunde werden auch hier zur Lösung der Frage der hormonalen Interrelationen wichtige Beiträge liefern können.

---

Ich bin mit meinen Ausführungen zu Ende. Soweit es im Rahmen eines Referates möglich war, habe ich versucht, Ihnen ein Übersichtsbild von der inkretorischen Tätigkeit des Hypophysenapparates zu geben. Ein Bild, in dem aus Abstammung, Lage, Bau und Chemismus die Leistungen der einzelnen Teile und aus diesen die unter krankhaften Einflüssen hervortretenden verschiedenen Formen der Tätigkeitsstörungen abgeleitet wurden. Ich benutzte als Grundlagen ausschliesslich gut beglaubigte und sichergestellte Tatsachen und war redlich bemüht, die gefährlichen Klippen geistreicher, aber unbewiesener Annahmen zu umschiffen. Wie weit mir dies gelungen ist, werden Sie beurteilen. Auf einen Vorwurf bin ich allerdings von vornherein gefasst. Den kann und will ich gar nicht zurückweisen. Man wird mir entgegnen:

„Mein guter Herr, Ihr seht die Sachen,
Wie man die Sachen eben sieht“.

Doch allen jenen, die meine Art des Sehens ergänzen und erweitern, da und dort richtigstellen und abändern oder sogar völlig ablehnen und eine andere bessere Betrachtungsweise an ihre Stelle setzen wollen, entbiete ich meinen Dank und meine Mitarbeit. Es wird sicherlich leicht sein, die anschliessenden Worte Mephistos zu erfüllen:

„Wir müssen das gescheiter machen“.